Berichte des Ausschusses für Versuche im Eisenbau.
Herausgegeben vom
Verein deutscher Brücken- und Eisenbau-Fabriken (Deutscher Eisenbauverband).

Zur Einführung.

In den „Berichten über Versuche im Eisenbau" will der Verein deutscher Brücken- und Eisenbau-Fabriken (künftig Deutscher Eisenbauverband) die Ergebnisse der für ihn im Kgl. Materialprüfungsamt in Berlin-Lichterfelde ausgeführten und künftig noch in größerem Umfange auszuführenden Versuche auf dem Gebiete des gesamten Eisenbaues der Öffentlichkeit bekanntgeben.

Die Veröffentlichungen geschehen im Namen des „Ausschusses für Versuche im Eisenbau", der auch die Versuche selbst beschließt und überwacht. Es erscheinen zwei Arten von Berichten, die je in sich fortlaufend numeriert werden:

1. **Hefte A,** in denen die Anordnung, die Durchführung und die unmittelbaren zahlenmäßigen Ergebnisse der Versuche besprochen und mitgeteilt werden.
2. **Hefte B,** die die weitere Bearbeitung und Auswertung der Versuchsergebnisse, sowie die daraus zu ziehenden Folgerungen und etwaige Bauregeln für die Praxis enthalten.

Dem verschiedenen Inhalte der beiden Arten von Heften wird auch ein verschiedenes Format entsprechen, das für die Hefte B eine besondere Handlichkeit anstrebt.

Bisher sind erschienen:

Ausgabe A, Heft 1:

Der Einfluß der Nietlöcher auf die Längenänderung von Zugstäben und die Spannungsverteilung in ihnen.

Nach Versuchen im Königlichen Materialprüfungsamt zu Berlin-Lichterfelde.

Berichterstatter: Geh. Regierungsrat Professor **Max Rudeloff.**

Mit 30 Textfiguren. IV u. 65 Seiten, 4⁰. Preis M. 3.60.—.

Ausgabe B, Heft 1:

Zur Einführung — Bisherige Versuche.

Berichterstatter: Reg.-Baumeister a. D. Dr.-Ing. **F. Kögler.**

Mit 26 Figuren. IV u. 56 Seiten, 8⁰. Preis M. 1.60.

Verein deutscher Brücken- und Eisenbau-Fabriken
(Deutscher Eisenbauverband)

Berichte des Ausschusses
für
Versuche im Eisenbau

Ausgabe A

Heft 1

Der Einfluß der Nietlöcher auf die Längenänderung von Zugstäben und die Spannungsverteilung in ihnen.

Nach Versuchen im Königlichen Materialprüfungsamt zu Berlin-Lichterfelde.

Berichterstatter:

Geheimer Regierungsrat Professor Max Rudeloff

Mit 30 Textfiguren

Springer-Verlag Berlin Heidelberg GmbH 1915

ISBN 978-3-662-24331-2 ISBN 978-3-662-26448-5 (eBook)
DOI 10.1007/978-3-662-26448-5

Ausschuß für Versuche im Eisenbau:

Dr.-Ing. C. von Bach, Staatsrat, Professor, Stuttgart.
Dr.-Ing. Bohny, Direktor, Sterkrade i. Rhld.
Böllinger, Direktor, Gustavsburg.
Burkhardt, Marineschiffbaumeister, Berlin.
Dr.-Ing. Carstanjen, Reg.-Baumeister a. D., Direktor, Gustavsburg.
Dipl.-Ing. Fischmann, Oberingenieur, Düsseldorf.
Dr.-Ing. Kögler, Reg.-Baumeister a. D., Privatdozent, Berlin.
Labes, Geheimer Baurat, Vortragender Rat, Berlin.
Dr.-Ing. Müller-Breslau, Geh. Reg.-Rat, Professor, M. d. H., Berlin.
Dr.-Ing. Reusch, Kommerzienrat, Generaldirektor, Oberhausen.
Rudeloff, Geh. Reg.-Rat, Professor, Berlin-Lichterfelde.
Schaper, Regierungs- und Baurat, Stettin.
Schnapp, Geheimer Baurat, Berlin-Schöneberg.
Dr.-Ing. Dr. Zimmermann, Wirkl. Geh. Oberbaurat a. D., Berlin.

Frühere Mitglieder:

† Dr.-Ing. Seifert, Kgl. Baurat, Duisburg, ehem. Vors.
† Dr.-Ing. Martens, Geh. Oberreg.-Rat, Professor, Berlin-Lichterfelde.
Dr.-Ing. Hüllmann, Geh. Marineoberbaurat, Berlin (ausgeschieden).

Inhaltsverzeichnis.

Seite

I. Einfluß der Nietlöcher auf die Dehnung. Versuchsreihe I—III 3

1. Einfluß etwaiger Verbiegungen des Stabes auf dessen Dehnung. Versuchsreihe IV 8
2. Bestimmung der Reichweite des Einflusses der Nietlöcher auf die Dehnung an den Stabrändern. Versuchsreihe V 9
3. Einfluß der aufgenieteten Platten auf die Dehnung. Versuchsreihe VI . . . 12
4. Ermittlung der Dehnungen in verschiedenen Schichten der Stabbreite. Versuchsreihe VII 14

II. Die Verteilung der Zugspannungen in dem Stabteil außerhalb der Nietlöcher 21

1. Ermittlung der Längsdehnungen ε_1 für die Längeneinheit 22
2. Ermittlung der Querdehnungen ε_2 für die Längeneinheit 24
3. Ermittlung der Zugspannungen aus den Längsdehnungen 26
4. Ermittlung der Zugspannungen aus den Längs- und Querdehnungen . . 28

III. Zusammenfassung der Ergebnisse 30

Der Einfluß der Nietlöcher auf die Längenänderung von Zugstäben und die Spannungsverteilung in ihnen.

Von Professor **M. Rudeloff.**

Die Veranlassung zur Ausführung der im nachfolgenden besprochenen Untersuchungen gab mir ein Prüfungsantrag des Vereins deutscher Brücken- und Eisenbau-Fabriken, betreffend die Prüfung von Stoßdeckungen auf Zugfestigkeit. Um bei dieser Prüfung ermitteln zu können, welche Anteile der äußeren Zugkräfte von den einzelnen Teilen der Stoßkonstruktionen aufgenommen bzw. wie die Zugkräfte von einem Teil zum anderen übertragen werden, sind die Dehnungen der einzelnen Konstruktionsteile (Platten und Laschen) an deren Rändern innerhalb verschiedener Strecken zu messen und aus den Dehnungen innerhalb der Proportionalitätsgrenze die zugehörigen Zugkräfte zu berechnen. Hierzu ist es aber erforderlich, zunächst zu wissen, in welchem Grade die Dehnungen infolge örtlicher Querschnittsschwächung durch die Nietlöcher tatsächlich beeinflußt werden, d. h. ob die Belastung auch bei einem gelochten Stabe innerhalb der Proportionalitätsgrenze aus der Dehnung und der Dehnungszahl des Materials berechnet werden kann und welcher Materialverlust durch das Nietloch hierbei in Anrechnung zu bringen ist. Diese Frage war in Reihe A durch Belastungsversuche an einem hinreichend breiten Flachstabe zu lösen, der innerhalb der Versuchslänge mit Nietlöchern versehen war. Um hierbei zugleich festzustellen, welchen Einfluß die bei den Stoßdeckungen in die Löcher eingezogenen Niete auf die Stabdehnungen haben, waren die Versuche sowohl bei offenen Nietlöchern als auch nach Ausfüllung der Löcher durch in üblicher Weise warm eingezogene Niete durchzuführen.

Zur vollständigen Klärung der oben aufgeworfenen Frage blieb zu beachten, daß bei den Stoßdeckungen, wie bei den Nietverbindungen überhaupt, die Wirkung der Zugkräfte insofern von derjenigen bei einem durchgehenden an den Enden belasteten Stabe sich unterscheidet, als die Kraftübertragung bei geringen Belastungen durch Reibung zwischen den vernieteten Teilen der Konstruktion erfolgt und, nachdem die Reibung überwunden ist, bei höheren Belastungen durch einseitigen Leibungsdruck zwischen den Lochwandungen und Nieten. Auch hierüber sind Versuche eingeleitet. Sie sind indessen noch nicht zum Abschluß gebracht. Hier sollen daher zunächst die Ergebnisse der Versuche aus Reihe A mitgeteilt werden.

Herr Geheimrat Zimmermann führt in seinem Aufsatz[1]): „Der Einfluß der Nietlöcher auf die Längenänderung von Zugstäben", aus, daß diesem Einfluß „in einfachster Weise für die Anwendung genau genug" Rechnung getragen werde, wenn man statt der kreisrunden Löcher vom Durchmesser d rechteckige Löcher der Länge d und der Breite $n\,d$ ($n = 0{,}8$) in die Rechnung einsetzt. Er hebt hierbei ausdrücklich hervor, daß bei seiner Ableitung vorausgesetzt sei, „daß neben den runden Löchern die Spannungen gleichmäßig über den Stabquerschnitt verteilt und daß diese Spannungen reine Zugspannungen seien, was natürlich in Wirklichkeit nicht streng der Fall ist". Da aus den Veröffentlichungen von Leon[1]) inzwischen bekannt war, daß die vorgenannte Voraussetzung nicht zutrifft, so war zunächst nachzuprüfen, inwieweit die Zahl $n = 0{,}8$ in Wirklichkeit Gültigkeit hat und wie sie sich durch das Einziehen der Niete ändert.

Der erforderliche Probestab ist von dem Verein Deutscher Brücken- und Eisenbau-Fabriken in dankenswerter Weise zur Verfügung gestellt, wofür ihm auch an dieser Stelle bestens gedankt sei.

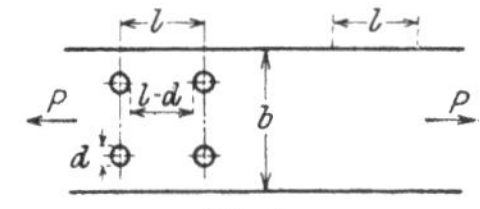

Fig. 1.

In Fig. 1 bezeichne:

b die Breite des Flachstabes,

a seine Dicke,

$F = a \cdot b$ seinen vollen Querschnitt,

l den Abstand, gemessen in der Längsrichtung des Stabes, zwischen den Mitten der Nieten,

d den Durchmesser der Nietlöcher.

Bestimmt man nun für dieselben Belastungen P die Dehnungen λ_x für die Länge l von Mitte bis Mitte Niet und λ_y am vollen Blech für die gleiche Länge l, und nimmt man an, daß das Material innerhalb der beiden Meßstrecken die gleiche Dehnungszahl α besitzt, so ist

$$\lambda_y = \sigma \cdot l \cdot \alpha = \frac{P}{F} \cdot l \cdot \alpha\,, \tag{1}$$

demnach

$$\alpha = \frac{\lambda_y}{l} \cdot \frac{F}{P}\,. \tag{2}$$

Unter der Annahme von Zimmermann, daß die Spannungen neben den runden Löchern gleichmäßig über den Stabquerschnitt verteilt sind, berechnet sich die Dehnung λ_{l-d} für den vollen Stabteil zwischen den Nietlöchern mit der Länge $= l - d$ zu

$$\lambda_{l-d} = \sigma \cdot (l - d) \cdot \alpha = \frac{\lambda_y}{l} \cdot (l - d) \tag{3}$$

und die Dehnung λ_d für eine Stablänge gleich dem Nietlochdurchmesser d zu

$$\lambda_d = \sigma_1 \cdot d \cdot \alpha\,.$$

[1]) Z. Ver. deutsch. Ing. 1909, S. 2011. Ausführlicher im Zentralbl. d. Bauverw. 1881, S. 248, 249. Die dort angestellte Berechnung ergibt n als Funktion des Nietverschwächungsverhältnisses, aber wenig veränderlich, im Durchschnitt = 0,8. Meine Versuche sind Anfang 1911 begonnen. Die älteren rechnerischen und experimentellen Untersuchungen von Leon (s. Österr. Wochenschr. f. d. öffentl. Baudienst 1908, Heft 9, 29, 43 u. 44; Mitteil a. d. mechanisch-technischen Laboratorium der Technischen Hochschule in Wien 1908, Nr. 1 u. 3; Armierter Beton 1909, Nr. 9 u. 10) kommen hier nicht in Betracht, da sie sich lediglich auf die Verteilung der Spannungen in dem durch die Nietlöcher oder sonstige Unterbrechungen am meisten geschwächten Querschnitt erstrecken, nicht aber auf die Dehnungen innerhalb Meßlängen von verschiedener Größe und verschiedener Lage zu den Querschnitten mit den Löchern.

Nun ist

$$\sigma_1 = \frac{P}{f} = \frac{P}{a \cdot (b - 2 \cdot d \cdot n)},$$

also

$$\lambda_d = \frac{P \cdot d \cdot \alpha}{a \cdot (b - 2 \cdot d \cdot n)}$$

und

$$b - 2 \cdot d \cdot n = \frac{P \cdot d \cdot \alpha}{a \cdot \lambda_d},$$

also

$$n = \frac{b}{2 \cdot d} - \frac{P \cdot d \cdot \alpha}{2 \cdot d \cdot a \cdot \lambda_d}.$$

Setzt man in diese Gleichung ein:

den Wert für α nach Gl. (2),
$F = a \cdot b$ und

$$\lambda_d = \lambda_x - \lambda_{l-d} = \lambda_x - \frac{\lambda_y}{l}(l - d),$$

so ergibt sich

(4) $$n = \frac{b}{2d}\left(1 - \frac{\lambda_y \cdot d}{l \cdot \lambda_x - \lambda_y \cdot (l - d)}\right).$$

Aus dieser Gleichung ist nach Bestimmung von λ_x und λ_y durch den Versuch der wahre Wert von n zu berechnen.

Der zum Versuch verwendete Probestab (Fig. 2) aus Flußeisenblech hatte 1980 mm Gesamtlänge und 12,2 mm Dicke. Innerhalb der Versuchslänge betrug die Breite des Stabes 230 mm. Im Abstande von 50 mm vom Rande waren je 6 Nietlöcher in zwei Reihen angeordnet; der Durchmesser der Nietlöcher betrug 23 mm, der Abstand l der Löcher in der Längsrichtung des Stabes voneinander 100 mm[1]). Je drei hintereinander gelegene Löcher jeder Reihe blieben ohne Niet; in die anderen je 3 Löcher waren Niete eingezogen unter Verwendung von Unterlagsblechen mit 80×80 mm Kantenlänge unter die Schließköpfe.

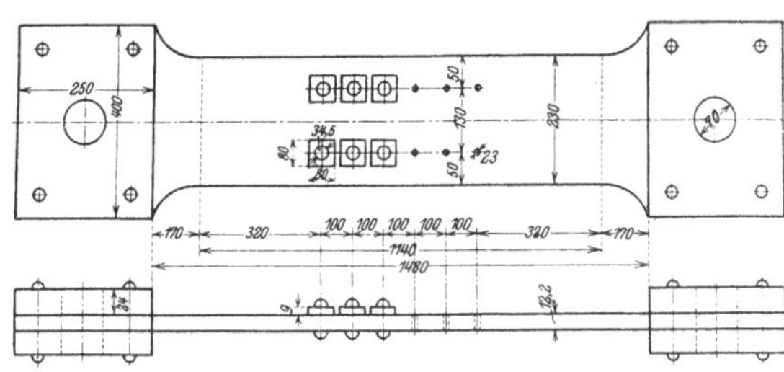

Fig. 2. Abmessungen des Probestabes.

Die Einspannung der Stabenden in die Festigkeitsprobiermaschine, Bauart Werder, erfolgte mit je einem Bolzen von 70 mm Durchmesser. Diese Einspannweise war gewählt, um möglichst zentrische Zugbeanspruchung zu erzielen.

I. Einfluß der Nietlöcher auf die Dehnung.

Die Untersuchungen sollten sich zunächst nur auf die elastischen Dehnungen des Stabes erstrecken. Um nun ganz sicher zu sein, daß der Stab keine bleibende

[1]) Diese Abmessungen und Nietlochanordnungen sind die gleichen wie bei den S. 1 genannten Stoßdeckungen. Sie waren gewählt, um die Versuchsergebnisse später unmittelbar auf die Versuche mit den Stoßdeckungen übertragen zu können.

Dehnungen erlitt, wurde als höchste Belastung 20 t, entsprechend der Zugspannung von 891 kg/qcm, bezogen auf den schwächsten Stabquerschnitt, angewendet. Die Belastung wurde, mit 1000 kg als Nullast beginnend, stufenweise auf 5, 10, 15 und 20 t gesteigert und die Dehnung für verschiedene Meßlängen mit Martensschen Spiegelapparaten in $^1/_{10000}$ mm beobachtet. Die Apparate waren stets paarweise auf beiden Schmalseiten des Stabes angebracht.

Die Größe aller Meßlängen betrug 100 mm. Ihre Anordnung ist aus Fig. 3 zu ersehen.

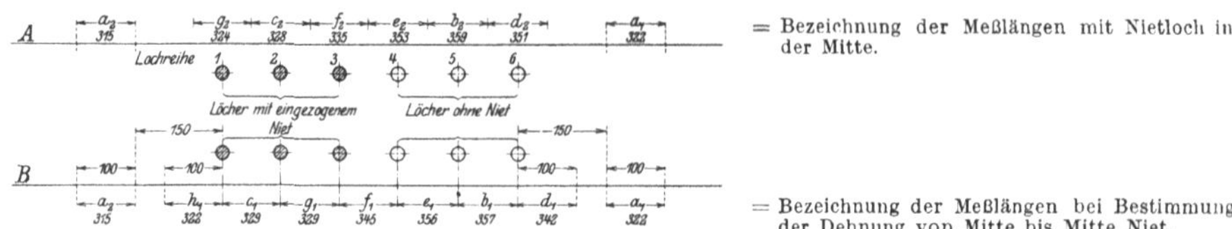

Fig. 3. Anordnung der Meßlängen zur Ermittelung der Dehnungen.

Die Dehnungen sind bei demselben Versuch immer auf beiden Seiten A und B des Stabes für dieselben Meßlängen bestimmt und zwar entweder wie für A oder wie für B angegeben.

Die unter den Zeichen für die Meßlängen stehenden Zahlenwerte bedeuten die bei den Versuchsreihen I—III beobachteten mittleren Dehnungen bei 20 t Belastung (s. Tab. 7).

Hiernach erstreckten sich die Meßlängen:

a_1 und a_2 auf Teile des vollen Stabes, beginnend 150 mm von der Mitte der äußersten Niete entfernt. Hierbei lag

a_1 außerhalb der Löcher ohne Niet und

a_2 ,, ,, ,, mit ,,

Ferner reichten:

b_1 und e_1 von Mitte bis Mitte Loch ohne Niet,

c_1 ,, g_1 ,, ,, ,, ,, ,, mit ,,

f_1 ,, ,, ,, ,, je eines Loches ohne und mit Niet,

d_1 ,, h_1 ,, ,, der äußersten Niete über den vollen Stab.

Die 6 Meßlängen $b_2 - g_2$ waren so angeordnet, daß die Nietlöcher in der Mitte der Meßlänge lagen, und zwar bei

b_2, e_2 und d_2 Löcher ohne Niet und bei

c_2, f_2 ,, g_2 ,, mit ,,

Um sicher zu sein, daß der Vergleich der für die verschiedenen Arten von Meßlängen auch nicht etwa durch geringe Fehler in der Genauigkeit der Krafteinstellung beeinflußt sein konnte, sind bei den ausgeführten, nachstehend besprochenen drei Versuchsreihen I—III stets die Dehnungen für mehrere Meßlängen verschiedener Art gleichzeitig beobachtet.

Die Beobachtungen aus den einzelnen Versuchen der drei Reihen sind für die gleichartigen Meßstrecken in Tab. 1—6[1]) zusammengestellt. In Tab. 7 sind außerdem der besseren Übersicht wegen die Mittelwerte für sich gegenübergestellt.

---

[1]) Die Tabellen 1 bis 7 sowie 11 bis 36 befinden sich am Schlusse des Textes.

Versuchsreihe I.

Beobachtet sind die Dehnungen für die Meßstrecken:

a_1 im vollen Stab hinter den Nietlöchern ohne Niet
a_2 „ „ „ „ „ „ mit „ } (s. Tab. 1),

b_1 von Mitte bis Mitte Nietloch ohne Niet (s. Tab. 2) und

c_1 „ „ „ „ „ mit „ (s. Tab. 4).

Zunächst wurden drei Versuche mit unverändertem Sitz der Spiegelapparate ausgeführt.

Die Belastung wurde beim Versuch 1 bis 25 t gesteigert. Nach dem Entlasten ergaben sich für die Meßstrecken b_1 (Tab. 2) und c_1 (Tab. 4) beträchtliche Ablesungsreste; für $b_1 = 14$ und für $c_1 = 33$ Einheiten. Ob sie tatsächlich bleibende Dehnungen waren oder ob Mängel im Arbeiten der Meßapparate vorlagen, kann nicht entschieden werden; jedenfalls sind die Ergebnisse dieser beiden Beobachtungsreihen von der Betrachtung ausgeschieden worden. Es erschien dies um so mehr zulässig, als die Ergebnisse der Versuche 2 und 3 nicht nur untereinander, sondern auch mit den späteren Messungen gut übereinstimmen und sich bei ihnen keine Ablesungsreste mehr ergaben[1]). Zur Sicherstellung der Mittelwerte sind dann aber noch weitere 6 Versuche I 4 bis I 9 ausgeführt. Bei den Meßstrecken a_1 und a_2 (Tab. 1) blieben die Meßapparate unverändert sitzen. Bei den Meßstrecken b_1 (Tab. 2) und c_1 (Tab. 4) wurden sie dagegen zum Versuch 4 und bei der Meßstrecke b_1 auch zum Versuch 7 nochmals neu angesetzt. Dieses Neuansetzen der Dehnungsmesser war erforderlich, weil die Messungen b_1 bei allen drei Versuchen I 4—6 unbrauchbare Werte geliefert hatten (s. Tab. 2).

Der Vergleich der Mittelwerte aus den zusammengehörigen Versuchen 1—3, 4—6 und 7—9 zeigt, daß die Dehnung für alle 4 Meßstrecken beim wiederholten Belasten abnahm. Am stärksten tritt diese Erscheinung bei 20 t Belastung zutage und, wie die Gegenüberstellung (Tab. 8) zeigt, hier wieder am stärksten bei der Meßstrecke a_2.

Tabelle 8.

Änderung der Dehnungswerte für 20 t bei wiederholtem Belasten.

Meßstrecke	Mittlere Dehnung in Proz. 10^{-4} bei Versuch			Abnahme der Dehnung in Proz. vom Mittel aus Versuch 1—3 bei Versuch	
	1—3	4—6	7—9	4—6	7—9
a_1	324	323	322	0,31	0,62
b_1	361	—	356	—	1,38
c_1	331	328	326	0,96	1,51
a_2	321	318	315	0,93	1,87

Ferner zeigt sich bei allen Reihen, daß

1. die elastische Dehnung des vollen Bleches (s. Tab. 1) an beiden Stabenden für die gleichen Belastungen verschieden war, und zwar ist sie für Meßstrecke a_2 kleiner als für a_1, und

[1]) Die in den Tabellen als „bleibend“ bezeichneten Dehnungswerte sind als Beobachtungsfehler anzusprechen, veranlaßt entweder durch geringes Gleiten der Spiegelapparate auf den Sitzflächen der Spiegelträger oder durch Wärmeeinflüsse. Alle Beobachtungsreihen, bei denen die Werte „bleibend“ mehr als 2 Einheiten betrugen, sind von der Mittelbildung ausgeschlossen.

2. die elastische Dehnung zwischen den offenen Nietlöchern (Meßstrecke b_1, Tab. 2) größer war als zwischen den Löchern mit eingezogenem Niet (Meßlänge c_1, Tab. 4).

Versuchsreihe II.

Beobachtet sind die Dehnungen für die Meßstrecken:

a_1, a_2 wie bei Versuchsreihe I (Tab. 1),

b_2, c_2 Nietlöcher in der Mitte der Meßstrecke { Loch ohne Niet (Tab. 3), Loch mit Niet (Tab. 5).

Für die Meßstrecken a_1 und a_2 war der Sitz der Spiegelapparate bei den Versuchsreihen II 1—8 der gleiche wie bei den voraufgehenden Versuchen I 1—9; die Ergebnisse (s. Tab. 1) stimmen mit denen aus I 7—9 sehr gut überein. Zu Versuch II 9 wurden die beiden Apparate gegeneinander vertauscht; das Messungsergebnis erfuhr hierdurch keine Änderung, es bestätigt, daß die elastische Dehnung innerhalb der Meßstrecke a_1 größer ist als für a_2.

Tabelle 9.

Mittelwerte aus Versuchsreihe II.

Für die Meßstrecke	Bei den Belastungen in t				Verhältniszahlen				
	5	10	15	20	Bezogen auf	5	10	15	20
a_1	68	153	238	321	a_1	100	100	100	100
a_2	66	148	233	315	gleich 100	97	97	98	98
b_2	76	170	265	359	gesetzt	112	111	111	112
c_2	67	152	239	328	a_2	101	103	103	104

Die Mittelwerte aus den 9 Versuchen der Reihe II (s. Tab. 9) stimmen im wesentlichen mit denen der Versuchsreihe I (s. Tab. 1, 2 und 4) überein und zeigen, daß

1. der Unterschied in den elastischen Dehnungen für a_1 und a_2 etwa 2—3% beträgt,

2. die Strecke b_2 mit den offenen Löchern in der Mitte sich um 11—12% mehr dehnte als das volle Blech, während

3. die Strecke c_2 mit eingezogenen Nieten in der Mitte sich gegen das volle Blech nur um 1—4% mehr dehnte, und zwar wuchs der Unterschied etwas mit der Belastung.

Versuchsreihe III.

Beobachtet sind die Dehnungen für sämtliche Meßstrecken, und zwar gleichzeitig

bei den Versuchen 1— 6 die Strecken a_1, a_2, e_1 und g_1,
„ „ „ 7— 9 „ „ a_1, a_2, e_1 „ g_1,
„ „ „ 10—12 „ „ a_1, a_2, d_2 „ g_2,
„ „ „ 13—16 „ „ a_1, a_2, f_2 „ e_2,
„ „ „ 17—19 „ „ a_1, d_1, h_1 „ f_1,
„ „ „ 20—26 „ „ a_1, b_1, c_1,
„ „ „ 27—29 „ „ a_1, b_2, c_2.

Die Versuchsergebnisse (s. Tab. 1—6) zeigen mit denen aus den Versuchsreihen I und II, soweit solche vorliegen, gute Übereinstimmung. Daher sind die Ergebnisse aller drei Reihen zunächst für die einzelnen Meßstrecken zu Gesamtmittelwerten zusammengefaßt. Eine besondere Gegenüberstellung dieser Mittelwerte gibt Tab. 7.

Die Werte für die Meßstrecken a_1 und a_2 bestätigen, daß das volle Blech an dem Ende außerhalb der offenen Nietlöcher (Meßstrecke a_1) größere elastische Dehnung erfuhr als an dem Ende außerhalb der Löcher mit eingezogenem Niet (Meßstrecke a_2).

Die Mittelwerte aus den Reihen b_1, e_1 und b_2 stimmen gut überein, ebenso die Mittel aus den Reihen g_1, c_1 und c_2. Hiernach hat es sich, wie zu erwarten war, für die Dehnung als gleichgültig erwiesen, ob die Meßlänge von Mitte bis Mitte Loch bzw. Niet reichte, oder ob das Loch bzw. das Niet in der Mitte der Meßlänge lag.

Der Vergleich des Mittels für b_1, e_1 und b_2 mit dem für g_1, c_1 und c_2 zeigt ferner, daß die Dehnung λ_x des gelochten Stabteiles durch das Einziehen der Niete mit den Unterlegscheiben ganz erheblich vermindert ist, sie bleibt aber immer noch größer als die Dehnung λ_y des ungelochten Stabes (Meßstrecken a_1 und a_2).

Nach der auf S. 3 gegebenen Ableitung der Gl. (4) für n ist

$$n = \frac{b}{2d}\left(1 - \frac{d\lambda_y}{l\lambda_x - \lambda_y(l-d)}\right),$$

und wenn man die Abmessungen des Probestabes einsetzt,

$$(5) \qquad n = \frac{230}{2 \cdot 23}\left(1 - \frac{23\lambda_y}{100\lambda_x - (100-23)\lambda_y}\right) = 5\left(1 - \frac{23\lambda_y}{100\lambda_x - 77\lambda_y}\right).$$

Mit den aus Tab. 7 ersichtlichen Werten für λ_x und λ_y erhält man für 100 mm Meßlänge, die Löcher von 23 mm umfassend, die in Tab. 10 zusammengestellten Werte für n.

Tabelle 10.

Werte für n = in Rechnung zu stellende Lochbreiten.

Für die Meßstrecken mit zwei Löchern	bei den folgenden Belastungen in t				
	5	10	15	20	Mittel
Ohne Niet . . .	1,695	1,707	1,707	1,706	1,704
Mit Niet	0,000	0,398	0,424	0,600	—

Die Untersuchung hat somit ergeben, daß man bei Berechnung der Dehnung des gelochten Stabes (Fig. 2), unter Einführung eines rechteckigen Loches von der Breite $n\,d$ statt des kreisrunden mit dem Durchmesser d, die Breite des rechteckigen Loches nicht ohne weiteres gleich 0,8 d in Rechnung setzen darf, wie sich bei Annahme gleichmäßiger Spannungsverteilung ergeben würde.

In Fig. 3 sind zur besseren Übersicht die für die einzelnen Meßstrecken ermittelten Dehnungen bei 20 t Belastung unter den Zeichen der Meßstrecken niedergeschrieben. Wie sich zeigt, bleiben die Dehnungen für d_2 und e_2 hinter derjenigen für b_2 zurück, obgleich alle drei Strecken in der Mitte offene Nietlöcher enthielten. Ebenso dehnte von den drei Strecken mit Nieten in der Mitte wieder g_2 weniger als c_2, f_2 dagegen mehr. Es liegt nahe, die erwähnten Unterschiede darauf zurückzuführen, daß der Einfluß der Nietlöcher, der in Steigerung der Dehnung sich äußert, über mehr als den halben Abstand der Nietlöcher in der Längsrichtung des Stabes, also über mehr als 50 mm, sich erstreckt[1]). Im einzelnen würden sich dann folgende Erklärungen ergeben:

Die Strecke b_2, mit der Lochreihe 5 in der Mitte, dehnte sich am meisten, weil die Wirkung der beiden benachbarten Reihen offener Löcher 4 und 6 sich auf b_2 noch erstreckte.

Die Strecke e_2 dehnte sich weniger, denn ihr war zwar rechts ebenfalls die Lochreihe 5 mit offenem Loch benachbart, links aber die Lochreihe 3 mit eingezogenem Niet, durch das die Wirkung des Loches, wie oben dargetan ist, wesentlich vermindert wird.

Neben der Strecke d_2 lag nur links die offene Lochreihe 5, rechts schloß sich an d_2 der volle Stab an; die Dehnung dieser Strecke konnte daher nur einseitig begünstigt werden, sie war daher von den dreien die geringste. Das von d_2 Gesagte gilt auch von g_2, womit erklärt werden kann, daß letztere sich weniger dehnte als c_2. Die Strecke f_2 aber dehnte sich mehr als c_2, weil rechts daneben die offene Lochreihe 4 lag.

Um nun nachzuweisen, ob die im vorstehenden gegebenen Erklärungen für die Dehnungsunterschiede tatsächlich zutreffen, ist die Versuchsreihe V ausgeführt, die zeigen soll, wie weit der Einfluß sowohl der offenen als auch der mit eingezogenem Niet versehenen Löcher sich in der Längsrichtung des Stabes erstreckt. Zuvor bleibt aber noch die Versuchsreihe IV zu besprechen, die angestellt worden ist, um festzustellen, ob etwa die bei den früheren Reihen beobachteten Unterschiede in den Dehnungswerten für die Meßstrecken a_1 und a_2 durch Durchbiegungen des flach in der Maschine liegenden Probestabes veranlaßt worden sind.

1. Einfluß etwaiger Verbiegungen des Stabes auf dessen Dehnung.

Versuchsreihe IV.

Aus den Versuchsreihen I—III hatte sich ergeben, daß von den beiden, volle Stabteile umfassenden Meßstrecken a_1 und a_2 die erstere größere elastische Dehnungen zeigte als a_2. Der Stab hatte bei den Versuchen flach in der Maschine gelegen, und zwar derart, daß die Unterlegplatten unter den Köpfen der eingezogenen Niete (s. Fig. 2) nach oben lagen. Dabei waren die Einspannköpfe des Probestabes durch aufgenietete Laschen verstärkt, um Verdrückungen in den Einspannaugen durch übermäßigen Leibungsdruck zu verhüten.

Diese Verstärkungslaschen sind vor Beginn der weiteren Versuche entfernt, um den Kraftangriff möglichst in die Achse des Stabes zu verlegen. Da sich ferner zeigte, daß der Stab bei Flachlage, sofern die aufgenieteten Unterlegplatten nach oben lagen, nach unten durchgebogen war, so wurden folgende drei Lagen untersucht:

a) Stab flachliegend, Platten nach oben,
b) „ „ „ „ unten, und
c) „ hochkant gestellt,

und hierbei die Dehnungen für die Meßstrecken a_1 und a_2 ermittelt.

[1]) Später (s. S. 10) ist gezeigt, daß der Einfluß des Loches sich auf etwa 100 mm erstreckt.

Die erzielten Ergebnisse sind in Tab. 11 und 12 zusammengestellt, und zwar in Tab. 11 unter I diejenigen für die Meßstrecken a_1, unter II diejenigen für a_2, in Tab. 12 unter 1 die Mittelwerte für die verschiedenen Stablagen und unter 2 die Mittelwerte aus den früheren Beobachtungen.

Beachtet man, daß die letzte Stelle der angegebenen Beobachtungswerte geschätzt ist, so sind die Einzelbeobachtungen bei gleicher Stablage als sehr gut übereinstimmend anzusprechen und die Unterschiede in den Mittelwerten (Tab. 12) dem Einfluß der Stablage zuzuschreiben.

Zunächst zeigt sich, daß a_2 wieder weniger sich dehnte als a_1, daß die Unterschiede in den Dehnungen der beiden Meßstrecken a_1 und a_2 aber bei diesen neueren Untersuchungen wesentlich geringer waren als bei den älteren. Hiernach scheint es, als ob diese Dehnungsunterschiede die Folge von ungleichmäßigen Durchbiegungen des Stabes waren und daß das Beseitigen der Verstärkungsplatten an den Stabköpfen zur Verminderung der Biegungsspannungen beigetragen hat.

Ferner ergibt sich aus den Mittelwerten (Tab. 12) übereinstimmend für die beiden Meßstrecken a_1 und a_2, daß bei Flachlage des Stabes die größeren Dehnungen erhalten sind, wenn die aufgenieteten Platten nach oben lagen. Nicht wesentlich verschieden von diesen größeren Werten sind die Beobachtungen für die Meßstrecke a_1, wenn der Stab hochkant in der Maschine lag.

Auch hier scheinen die Dehnungsunterschiede wieder Biegungsspannungen zugeschrieben werden zu müssen. Schon im vorstehenden ist darauf hingewiesen, daß der flach liegende Stab nach unten etwas durchgebogen war, wenn die aufgenieteten Platten nach oben lagen. Bei umgekehrter Lage, d. h. Platten nach unten, war der Stab gerade. Hiermit erklärt sich zwanglos, daß die Dehnungen im letzteren Falle geringer waren als im ersteren. Bestätigt wird die Anschauung von dem Einfluß der Durchbiegung dadurch, daß die Dehnungen auch bei Hochkantlage, in der der Stab in dem Zustande seiner natürlichen, durch das Eigengewicht unbeeinflußten Durchbiegung sich befand, die größeren waren.

Nach diesen Darlegungen dürfte man nicht fehlgehen, wenn man diejenigen Dehnungen für die vollen Stabteile als die zuverlässigsten, durch Biegungsspannungen am wenigsten beeinflußt erachtet, die erhalten sind, wenn der Stab flach lag mit den aufgenieteten Platten nach unten; bei dieser Lage stimmen denn auch die Dehnungswerte für die beiden Meßstrecken a_1 und a_2 bei 5 und 15 t vollkommen überein, und bei 10 und 20 t betragen die Unterschiede nur je eine Einheit.

2. Bestimmung der Reichweite des Einflusses der Nietlöcher auf die Dehnung an den Stabrändern.

Versuchsreihe V.

Die Versuche sind mit Berücksichtigung der unter Versuchsreihe IV niedergelegten Beobachtungen ausgeführt, indem der Stab flach in der Maschine lag, die aufgenieteten Platten nach unten. Die Spiegelapparate wurden wieder wie bei a_1 und a_2 an den Schmalseiten des Stabes angesetzt. Die Meßlänge betrug bei allen Versuchen 100 mm. Die Meßstrecken lagen in den vollen Stabteilen, und zwar sowohl in dem Teil hinter den offenen Löchern (Tab. 13) als auch in dem Teil

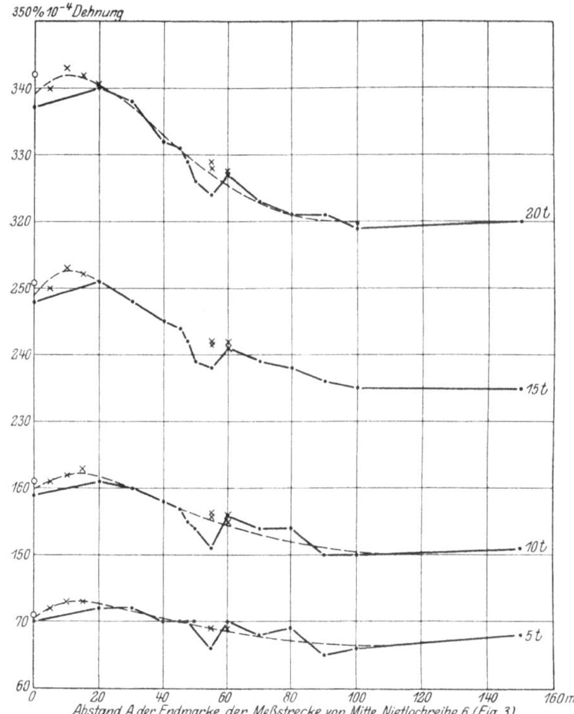

Fig. 4. Mittlere Dehnung in Proz. 10^{-4} an den Rändern des Stabes bei wachsendem Abstande *A* der Meßstrecke von Mitte Nietlochreihe 6 (Fig. 3). I. Hinter der Lochreihe 6 ohne Niet.

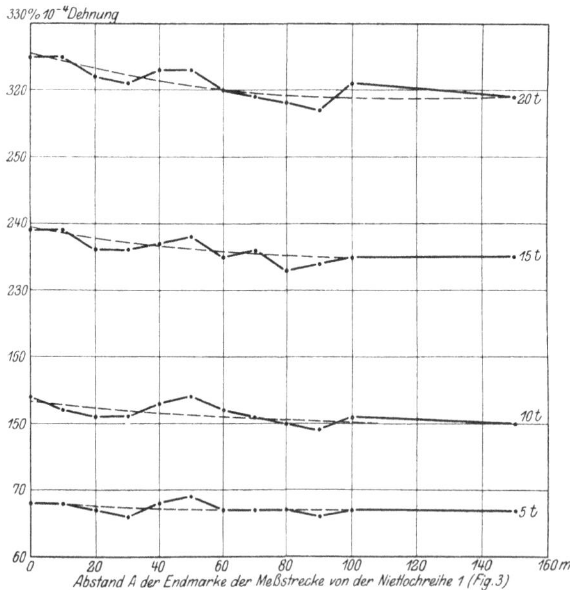

Fig. 5. Mittlere Dehnung in Proz. 10^{-4} an den Rändern des Stabes bei wachsendem Abstande *A* der Meßstrecke von Mitte Nietlochreihe 1 (Fig. 3). II. Hinter der Lochreihe 1 mit aufgenieteten Platten.

hinter den Löchern mit eingezogenen Nieten (Tab. 15). Ihre Lage in diesen Teilen ist gekennzeichnet durch den Abstand des nach den Nietlöchern hin gelegenen Endes der Meßstrecke von der Mitte der ersten (äußersten) Lochreihe (6 und 1, Fig. 3). Dieser Abstand, im nachfolgenden mit *A* bezeichnet, betrug im Höchstfalle 150 mm und ging herunter bis auf 0; das Ende der Meßlänge lag also im letzteren Falle in dem mit der Mitte der äußersten Nietlochreihe zusammenfallenden Stabquerschnitt, so daß das Loch zur Hälfte in die Meßlänge hineinragte.

Wie die in Fig. 4 und 5 zu Schaulinien aufgetragenen Ergebnisse zeigen, tritt der Einfluß der Querschnittsunterbrechungen durch die Nietlöcher, wie zu erwarten war, auf die Dehnung an den Stabrändern um so deutlicher hervor, je größer die Belastung ist. Nach Fig. 4 erstreckt sich dieser Einfluß bei Belastungen bis zu 20 t an dem untersuchten Stabe bei den **offenen** Löchern bis auf etwa 100 mm Entfernung von der Mitte der äußersten Lochreihe.

Nach Fig. 5 ist dieser Einfluß bei den Löchern mit eingezogenem Niet, in Übereinstimmung mit den früheren Ergebnissen, wesentlich geringer als bei offenen Nietlöchern; immerhin scheint er aber auch hier bis auf 100 mm Entfernung von Mitte Niet sich zu erstrecken.

Aus diesen Ergebnissen folgt nun zunächst, daß die bei den früheren Versuchsreihen benutzten Meßstrecken a_1 und a_2 dem Einfluß der Querschnittsunterbrechung durch die Nietlöcher entrückt waren, daß die für diese Strecken ermittelten Dehnungen also tatsächlich für den Stab mit vollem Querschnitt gelten. Ferner ist dargetan, daß die Unterschiede in den Dehnungen der Strecken d_2, e_2 und b_2 sowie g_2, c_2 und f_2 (s. Fig. 3), wie es oben versucht ist, mit dem Überstrahlen des Einflusses der benachbarten Nietlöcher zu erklären ist. Schließlich ergibt sich, daß die Unterschiede in den Dehnungen der Meßstrecken b_1, e_1 und b_2 (s. Tab. 7) gegenüber der Dehnung innerhalb a_1 nicht ausschließlich dem Einfluß der Querschnittsschwächung durch **eine** Nietlochreihe zugeschrieben werden kann, daß vielmehr auch die Wirkungen der benachbarten Nietlochreihen auf die Meßstrecken b_1, e_1 und b_2 zur Geltung kamen. Die vorliegende Anordnung der Nietlöcher mit 100 mm Teilung ist hiernach nicht geeignet, aus den beobachteten Mittelwerten für λ_x und λ_y (s. Tab. 7) den Wert für n aus Gl. (4) allgemein abzuleiten; eine diesem Zweck entsprechende allgemeine Gleichung muß vielmehr, wie die vorliegenden Ergebnisse beweisen, auch auf den Abstand der benachbarten Niet- oder Lochreihen Rücksicht nehmen. Weitere Untersuchungen nach dieser Richtung sind eingeleitet. Ich behalte mir vor, über ihre Ergebnisse später zu berichten.

Die vorliegende Aufgabe, die den Ausgangspunkt dieser Untersuchung bildete (s. S. 1), besteht darin, hinreichende Unterlagen zu schaffen, um innerhalb der Elastizitätsgrenze aus den Randdehnungen von gelochten und miteinander vernieteten Stäben bei derselben Lochteilung oder Lochanordnung, wie der untersuchte Stab sie besaß, die Verteilung der äußeren Zugkraft auf die einzelnen Teile berechnen zu können. Hierfür ist die soeben erwähnte allgemeine Gleichung entbehrlich, sofern nur feststeht,

1. ob die Dehnung der Meßstrecken, welche die Nietlöcher enthalten, der herrschenden Zugbelastung proportional ist oder in welcher Beziehung Dehnung und Zugbelastung zueinander stehen;

2. ob diese Beziehung sich mit der Breite des vollen Stabes und der Zahl der in demselben Querschnitt nebeneinander gelegenen Nietlöcher ändert; und

3. welchen Einfluß das Aufeinandernieten mehrerer Bleche auf diese Beziehung ausübt.

Der Verlauf des linken Endes der Schaulinien Fig. 4 deutet darauf, daß die Längenänderungen an den Stabrändern abnehmen, wenn die Endmarke der Meßlänge weniger als 20 mm von dem Querschnitt entfernt liegt, der mit der Mittellinie der letzten Nietlochreihe zusammenfällt, wenn also $A < 20$ mm ist. Hiernach müßte also die auffallende Erscheinung bestehen, daß die elastische Dehnung an den Stabrändern im Bereich des durch die Nietlöcher geschwächten Stabteiles geringer ist als die Dehnung außerhalb des geschwächten Stabteiles, aber in der Nähe der Nietlöcher. Um diese Erscheinung nachzuprüfen, sind noch einige ergänzende Versuchsreihen ausgeführt, die erkennen lassen sollen, wie die Dehnung an den Stabrändern sich ändert, wenn das eine Ende der Meßlänge 15, 10 und 5 mm von der Mittellinie der letzten Nietlochreihe entfernt ist. Zugleich sind auch die Versuche mit den Entfernungen = 55 und 60 mm nochmals wiederholt, um die bei den früheren Versuchen zutage getretene Unregelmäßigkeit im Verlauf der Schaulinien bei den Entfernungen zwischen 40 und 60 mm nachzuprüfen.

Die Einzelergebnisse dieser Ergänzungsversuche sind aus Tab. 14 zu ersehen; ihre Mittelwerte sind in Fig. 4 durch × gekennzeichnet.

Die Werte für $A = 55$ und 60 mm schließen sich den Ausgleichslinien aus den früheren Versuchen gut an. Hiernach dürfen letztere wohl als zu Recht bestehend angesehen und die früher beobachteten Unregelmäßigkeiten auf Zufälligkeiten zurückgeführt werden können.

Die Messungen bei $A = 5$ bis 15 mm bestätigen die Abnahme der Dehnung mit Abnahme des Abstandes A von 20 auf 0 mm. Selbst wenn man für $A = 0$ die bei den verschiedenen Reihen (s. Tab. 6 und 7, 13, 16 und 17) erzielten größten Mittelwerte allein in Betracht ziehen würde — diese Werte sind in Fig. 4 durch ○ gekennzeichnet —, bleibt die Abnahme der Dehnung bestehen. Nähere Untersuchungen hierüber s. Abschnitt VII.

3. Einfluß der aufgenieteten Platten auf die Dehnung.

Versuchsreihe VI.

Die in Tab. 4—6 zusammengestellten Messungsergebnisse für die Strecken g_2, c_2, f_2, g_1, c_1, h_1 und f_1 lassen nur den Gesamteinfluß der in die Löcher eingezogenen Niete und der hiermit aufgenieteten Platten erkennen. Um beide Einflüsse zu trennen, sind die Messungen wiederholt, nachdem von den beiden Nieten der Lochreihe 3 (s. Fig. 3) zunächst die Köpfe über den Platten abgehobelt waren, so daß die Platten lose wurden, und dann nochmals, nachdem die Niete aus beiden Löchern 3 ganz entfernt waren.

Der Stab lag bei dieser Reihe wieder flach in der Maschine, und zwar wie bei Reihe V derart, daß die Seite mit den aufgenieteten Platten nach unten zeigte. Die wiederholten Messungen sind zugleich auch auf die Meßstrecken innerhalb des Stabteiles mit offenen Löchern ausgedehnt, um festzustellen, welchen Einfluß etwa die gegen früher veränderte Stablage auf die Messungsergebnisse hat.

Die einzelnen Ergebnisse sind aus Tab. 16 zu ersehen, und nach den Mittelwerten sind die Schaulinien Fig. 6 verzeichnet. Die vier Liniengruppen gelten für die am linken Ende angegebenen vier Laststufen. Von den drei Linien derselben Gruppe stellen dar:

a) die voll ausgezogene Linie die Ergebnisse nach dem Lösen der Platten durch Abhobeln der Nietköpfe,

b) die punktierte Linie die Ergebnisse nach dem Entfernen der beiden Niete der Lochreihe 3 und

c) die feine gestrichelte Linie die Ergebnisse aus den früheren Untersuchungen vor dem Entfernen der Nietköpfe.

Bei den vollen starken Linien gelten die durch Punkte gekennzeichneten Beobachtungswerte für die Meßstrecken von Mitte bis Mitte Nietloch und die Kreuze für die Meßstrecken mit dem Loch in der Mitte. Die Lage der offenen Nietlöcher ist in der Abszissenachse durch die offenen Kreise, die Lage der Niete durch die schraffierten Kreisflächen gekennzeichnet.

Die Lage der punktierten Linien zu den voll ausgezogenen läßt erkennen, daß das Entfernen der Niete aus Lochreihe 3 (Fig. 3) jedenfalls keinen nennenswerten Einfluß auf die Dehnung mehr gehabt hat, nachdem die Nietköpfe bereits abgehobelt waren. Dagegen zeigen die großen Abstände zwischen den voll ausgezogenen Linien und den feinen gestrichelten, daß die Dehnung des Stabes durch das Lösen der mit der Nietreihe 3 aufgenieteten Platten ganz erhebliche Veränderungen erlitten hat. Um diese Veränderungen richtig zu beurteilen, ist zu beachten, daß das rechte Ende der gestrichelten Linien höher liegt als das der voll ausgezogenen. Z. B. sind bei 20 t Belastung die Dehnungswerte, die der gestrichelten Linie angehören, für die Meßstrecken e_1 bis d_2 im Mittel um 4 Einheiten oder 1,1% größer als die der voll ausgezogenen Linie angehörigen Werte. Es ist nicht wahrscheinlich, daß der Einfluß des Lösens der Niete in der Lochreihe 3 sich auch noch auf den Stabteil rechts von der Meßstrecke e_1 bzw. über die offene Nietreihe 4 hinaus erstreckt haben und hier eine Verminderung der Dehnung bewirkt haben soll, während allenfalls eine Vergrößerung der Dehnung hätte erwartet werden können. Die geringere Dehnung dieses Stabteiles bei den Wiederholungsversuchen nach dem Entfernen der Nietköpfe (voll ausgezogene Linie) gegenüber den früheren Messungen bei festsitzenden Nieten (gestrichelte Linie) wird demnach wieder darauf zurückzuführen sein, daß der Stab bei den früheren Versuchen durchgebogen war und daher größere Dehnungen zeigte als bei den neueren Versuchen bei umgekehrter Stablage. Wenn nun auch anzunehmen ist, daß die Durchbiegung des Stabes innerhalb des Teiles zwischen den Meßstrecken f_1 und d_1, der die offenen Löcher enthielt, stärker gewesen ist als links davon, wo das Blech durch die aufgenieteten Platten versteift war, so ist doch nicht ausgeschlossen, daß die Dehnungen auch des letztgenannten Stabteiles infolge Durchbiegungen bei der früheren Untersuchung zu groß ermittelt sind. Trifft dies zu, so müßten die gestrichelten Linien, um den Einfluß der Durchbiegung auszuschalten, so weit heruntergerückt werden, bis sie am rechten Ende mit den voll ausgezogenen zusammenfallen. Die Steigerung der Dehnung durch das Lockern der in der Nietreihe 3 gelegenen Platten würde sich dann noch größer ergeben, als sie in Fig. 6 in dem Abstande zwischen den voll ausgezogenen und gestrichelten Linien in die Erscheinung tritt.

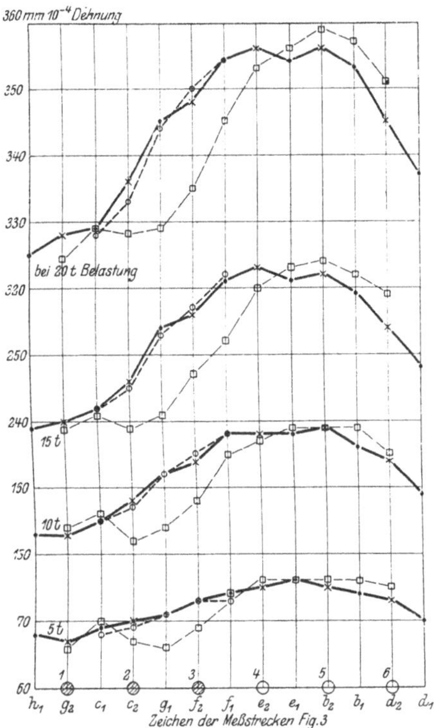

Fig. 6. Mittlere Dehnung an den Rändern des Bleches innerhalb des Teiles mit Nietlöchern. Zustand der Niete 1—3:
□——□ fest (frühere Versuche);
▬▬▬ Kopf abgehobelt, Platten 3 locker;
— — — Nieten 3 entfernt.

Die weiteren Betrachtungen mögen sich nun auf die Liniengruppe für 20 t Belastung beschränken, weil die zu untersuchenden Einflüsse bei dieser Gruppe naturgemäß am deutlichsten zutage treten.

Nach dem Verlauf der voll ausgezogenen Linie Fig. 6 kann man sämtliche fünf Dehnungswerte von f_1 bis b_1 als nahezu gleich groß ansehen. Hieraus ergibt sich, daß die Meßstrecke f_1 schon durch das Lockern der Platten in der Nietlochreihe 3 die gleiche Dehnbarkeit erlangt hat, wie sie die Meßstrecke b_1 hatte, und durch das völlige Entfernen der Niete 3 (s. punktierte Linie) ist hieran nichts mehr geändert. Zu beachten bleibt zur Beurteilung der Wirkung des Lockerns der Platten, daß nach dem Entfernen der Nietköpfe Reihe 3 die Dehnungen für g_1, c_2 und c_1 die gleichen Werte erreicht haben, wie sie vorher für f_1, f_2 und g_1 ermittelt waren; die ersteren haben die gleiche Lage zu den Löchern Reihe 3 mit spannungslosen Nieten wie die letzteren zu den offenen Löchern 4.

Diese Beobachtungen dürften zur Genüge dartun,

> daß es im wesentlichen die aufgenieteten Platten waren, die die Dehnbarkeit der Meßstrecken c_1 bis f_2 (s. Fig. 6) beeinträchtigten, während die Ausfüllung der Löcher durch den Nietschaft, **wenigstens innerhalb der angewendeten Belastungen,** keine wesentliche Rolle spielte.

4. Ermittlung der Dehnungen in verschiedenen Schichten der Stabbreite.

Versuchsreihe VII.

Um festzustellen, wie sich die an die Stabköpfe angreifende Zugkraft über die Breite des Stabes verteilt und wie die Kraftverteilung durch die Nietlöcher beeinflußt wird, sind die Dehnungen an 21 verschiedenen Stellen der Breite (Breitenschichten) gemessen, und zwar bei den Schichten 1 und 4 an den beiden Stabrändern, bei allen anderen Breitenschichten, um den Einfluß der Durchbiegung des Stabes auszuschalten, gleichzeitig auf beiden Flachseiten. Die Lage der Meßstrecken ist aus Fig. 7 zu ersehen. Die Meßlänge betrug bei den in Tab. 17 zusammengestellten Messungen stets 100 mm. Hierbei lag die eine Endmarke der Meßlänge bei den Meßstrecken 12 und 17 1,5 mm vom Lochrande entfernt, bei allen übrigen in dem mit der Mitte der letzten Lochreihe zusammenfallenden Lochquerschnitt $a \backsim a$ (Fig. 7). Die Beobachtungen erfolgten für die Schichten mit gleichem Reihenzeichen (a --- n) (Tab. 17) gleichzeitig. Bei jeder Reihe sind in der Regel die Belastungen viermal wiederholt, jedesmal unter Ermittlung der bleibenden Dehnung nach der Höchstlast von 20 t. Einige Breitenschichten (1, 4, 16 und 19) sind zur Kontrolle häufiger gemessen.

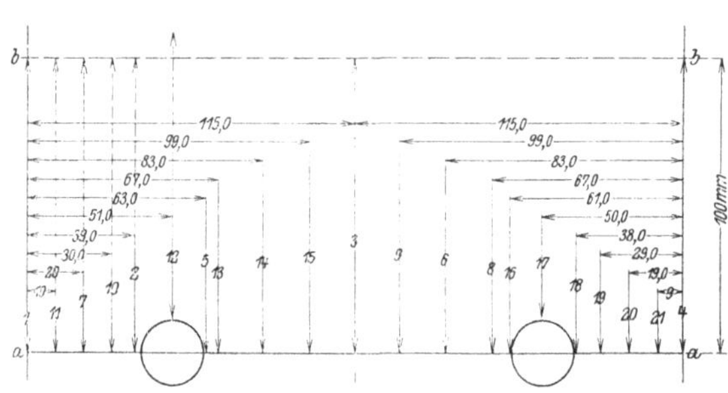

Fig. 7. Lage der Meßstrecken zur Ermittelung der Dehnungen in verschiedenen Schichten der Stabbreite.

In Fig. 8 sind die in Tab. 17a zusammengestellten mittleren Dehnungen bei den vier Laststufen für die symmetrisch zur Stabachse gelegenen Meßstrecken zu Schaulinien aufgetragen. Nach dem annähernd geradlinigen Verlauf der Linien parallel zur Abszissenachse sind die Dehnungen in den verschiedenen Breitenschichten zwischen Stabrand und Nietlochrand, sowie zwischen

Nietlochrand und Stabmitte annähernd gleich groß. Es ist nun nicht anzunehmen, daß der Stabquerschnitt $a \sim a$ (Fig. 7), der mit der Mitte der letzten Nietlochreihe 6 (Fig. 3) zusammenfällt und in dem die einen Endmarken aller Meßlängen lagen, sich bei der Zugbeanspruchung des Stabes gekrümmt hat. Daher deutet der besprochene geradlinige Verlauf der Schaulinien (Fig. 8) darauf, daß auch der Querschnitt $b \sim b$ (Fig. 7), 100 mm von der letzten Nietlochreihe entfernt, in dem die zweiten Endmarken der Meßlängen lagen, eben geblieben ist, und daß jedenfalls jenseits dieses Querschnittes $b \sim b$ nach dem Stabkopf hin in dem ungelochten Stabteil außerhalb der beiden Streifen, deren Breite den Durchmessern der beiden Löcher entsprechen, wieder gleichmäßige Verteilung der Belastung über die Stabbreite besteht.

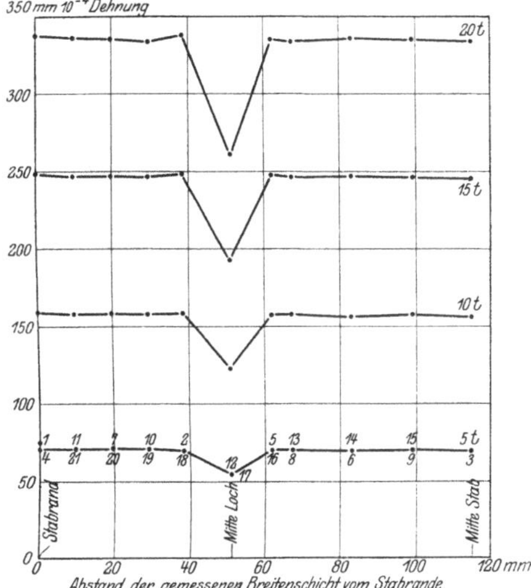

Fig. 8. Mittlere Dehnung in Proz. 10^{-4} in verschiedenen Breitenschichten bei den gleichen Belastungen.
Meßlänge l = 100 mm. Die eine Endmarke der Meßlänge lag in dem mit der Mitte der letzten Lochreihe zusammenfallenden Querschnitt $a \sim a$ (Fig. 7), die andere im vollen (ungelochten) Stabteil.
Die Zahlen über und unter der Schaulinie für 5 t bedeuten die Nummern der Breitenschichten (s. Fig. 7).

Die Messungen an den Strecken 12 und 17 (Fig. 7) hinter den Nietlöchern lieferten auf 100 mm Länge, beginnend 1,5 mm vom Lochrande entfernt (s. Fig. 8), wesentlich geringere Dehnungen als die übrigen Messungen. Daher blieb zunächst zu untersuchen, ob der Querschnitt $b \sim b$ (Fig. 7) auch im Bereich der Lochbreiten gerade geblieben ist. Hierzu sind an den Strecken 12 und 17 auf Grund folgender Überlegung noch einige Versuche mit 130 mm und 90 mm Meßlänge ausgeführt, wobei die eine Endmarke der Meßlänge wieder 1,5 mm vom Lochrand entfernt war (s. Fig. 9).

Ist für die gleiche Belastung, z. B. für 20 t:

δ = der Dehnung des vollen Stabes in %,
λ_{100} = ,, Gesamtdehnung für $l = 100$ mm
λ_{90} = ,, ,, ,, $l = 90$,,
λ_{130} = ,, ,, ,, $l = 130$,,
} gemessen in derselben Breitenschicht von der Stelle x aus, 1,5 mm vom Lochrande entfernt,

so muß sein:

$\lambda_{90} = \lambda_{100} - 0{,}1\,\delta$ oder $\lambda_{100} - \lambda_{90} = 0{,}1\,\delta = \Delta\lambda_{10}$

und

$\lambda_{130} = \lambda_{100} + 0{,}3\,\delta$ oder $\lambda_{130} - \lambda_{100} = 0{,}3\,\delta = \Delta\lambda_{30}$,

wenn auch hinter dem Loch die Dehnung des Stabes jenseits des Querschnittes $b \sim b$ (Fig. 7) gleich der Dehnung des vollen Stabes ist, d. h. wenn der Querschnitt $b \sim b$ auch im Bereich der Lochbreite eben bleibt, der Einfluß des Loches sich also nicht über den Querschnitt $b \sim b$ hinaus erstreckt.

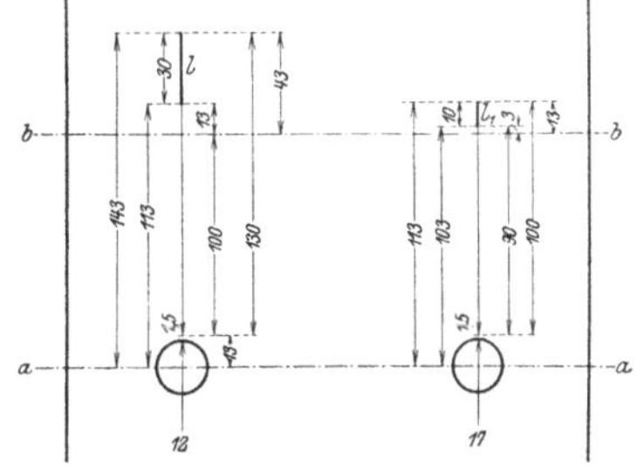

Fig. 9. Lage der Meßstrecken bei den Beobachtungen Tab. 18.

Die Versuchsergebnisse sind in Tab. 18 zusammengestellt, und am Schluß sind ihnen die Unterschiede zwischen den aus den Beobachtungen abgeleiteten Werten für $\Delta\lambda_{10}$ und $\Delta\lambda_{30}$ und den aus den Dehnungen δ des vollen Stabes berechneten Werten für $0{,}1\,\delta$ und $0{,}3\,\delta$ angefügt.

Wie man sieht, sind diese Unterschiede für $\Delta\lambda_{30}$ nahezu gleich Null, sie sind kleiner als eine Beobachtungseinheit und dabei teils $-$, teils $+$. Hieraus folgt, daß die Breitenschichten 12 und 17 hinter den Nietlöchern innerhalb der Länge l (Fig. 9) von 30 mm, die sich auf 113—143 mm von dem Querschnitt $a \backsim a$ und auf 13—43 mm von dem Querschnitt $b \backsim b$ erstreckte, die gleiche Dehnung zeigten wie der volle Stab. Der Einfluß des Loches erstreckte sich hiernach keinesfalls auf eine größere Entfernung als 113 mm von Lochmitte (Querschnitt $a \backsim a$).

Der Wert von $\Delta\lambda_{10}$ weicht dagegen von $0{,}1\,\delta$ nennenswert ab. — Die Abweichung in Beobachtungseinheiten (mm 10^{-4}) wächst naturgemäß mit der Belastung von $-1{,}0$ bis $-5{,}9$, beträgt aber nahezu gleichbleibend für alle Laststufen 2% von der Gesamtdehnung, im einzelnen 1,82—2,03—1,85 und 2,30%. — Hieraus folgt, daß die Strecke l_1 (Fig. 9) von 10 mm Länge, die sich auf 103 bis 113 mm von dem Querschnitt $a \backsim a$ und auf 3 bis 13 mm vom Querschnitt $b \backsim b$ erstreckte, sich weniger dehnte als der volle Stab außerhalb des Locheinflusses. Letzterer reichte also in den Breitenschichten 12 und 17 über den Querschnitt $b \backsim b$ noch hinaus.

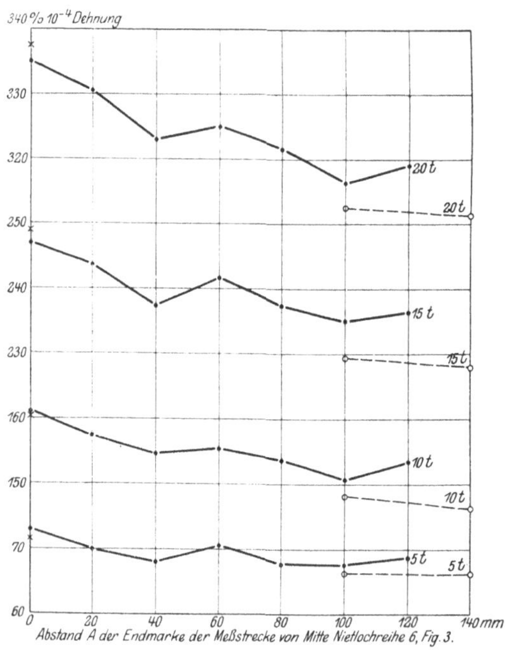

Fig. 10. Mittlere Dehnungen in der Breitenschicht 20 (Fig. 7) bei wachsendem Abstande A von Mitte Nietlochreihe 6 (Fig. 3).

Die durch × gekennzeichneten Beobachtungen für den Abstand $A = 0$ entstammen der Tab. 17.

Die Werte zu ●——● s. Tab. 20 und zu ○– – –○ Tab. 21.

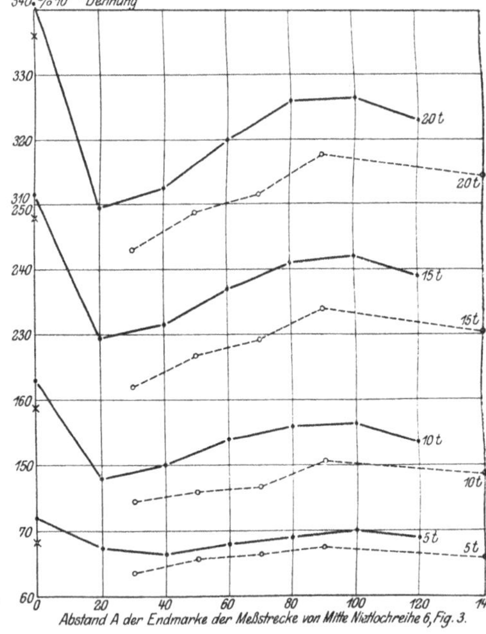

Fig. 11. Mittlere Dehnungen in der Breitenschicht 18 (Fig. 7) bei wachsendem Abstande A von Mitte Nietlochreihe 6 (Fig. 3).

Die durch × gekennzeichneten Beobachtungen für den Abstand $A = 0$ entstammen der Tab. 17.

Die Werte zu ●——● s. Tab. 20 und zu ○– – –○ Tab. 21.

Zur Kontrolle für die Zuverlässigkeit der vorstehenden Meßweise und Berechnungen sind auch an beiden Stabrändern (Breitenschichten 1 und 4) und in der Stabmitte (Breitenschicht 3) die Dehnungen noch auf 130 mm Meßlänge gemessen. Die Ergebnisse sind in Tab. 19 vereinigt und den Mittelwerten für 100 mm Meßlänge gegenübergestellt, wie sie sich nach Tab. 12 ergaben. Die der Tab. 19 ferner angefügten Unterschiede $\Delta\lambda$ zwischen den Dehnungen für 130 und 100 mm Meßlänge stellen die Dehnung des 30 mm langen Teiles der Meßlänge von 130 mm dar, der jenseits des Querschnittes $b \sim b$ (Fig. 7 und 9) nach dem Stabkopf hin gelegen war. Stellt man diese Werte für $\Delta\lambda$ den Dehnungswerten λ_{30} gegenüber, die sich nach den Mittelwerten Tab. 12 für den vollen Stab außerhalb des Einflußbereichs der Nietlöcher für 30 mm Meßlänge ergeben, so zeigt sich an den Schlußwerten der Tab. 19, daß die durch den Versuch ermittelten Dehnungen $\Delta\lambda$ von den errechneten λ_{30} im allgemeinen um weniger als eine Beobachtungseinheit abweichen, und zwar teils nach oben, teils nach unten. Dies bestätigt, daß der Querschnitt des Stabes $b \sim b$ zwischen den Breitenschichten $1 \sim 2$, $5 \sim 16$ und $18 \sim 4$ (s. Fig. 7) eben geblieben ist und die angewendete Meß- und Berechnungsweise hinreichend zuverlässig ist.

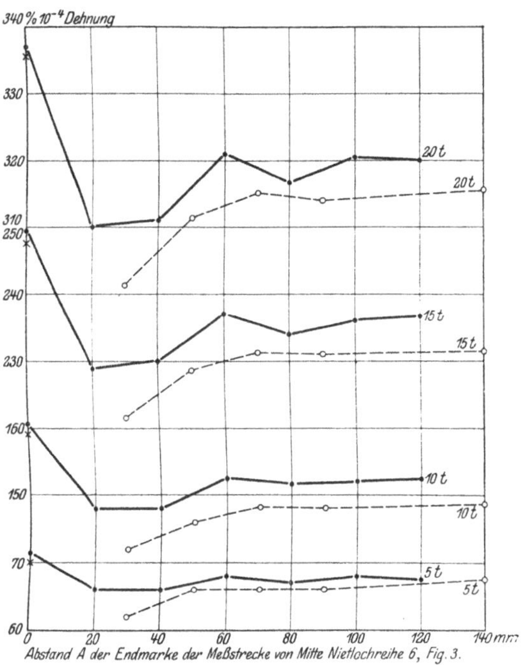

Fig. 12. Mittlere Dehnungen in der Breitenschicht 16 (Fig. 7) bei wachsendem Abstande A von Mitte Nietlochreihe 6 (Fig. 3).

Die durch × gekennzeichneten Beobachtungen für den Abstand $A = 0$ entstammen der Tab. 17.

Die Werte zu •——• s. Tab. 20 und zu o– – –o Tab. 21.

Um nun die Reichweite des Locheinflusses über die Stabfläche festzustellen, sind, wie in Reihe V für die Stabränder, auch für die Breitenschichten 20, 18, 16, 3 und 17 (Fig. 7) die Dehnungen auf 100 mm Meßlänge bei verschiedenen Abständen A der Endmarke der Meßlänge von dem Querschnitt $a \sim a$ noch gemessen, und zwar für $A = 0$, 20, 40, 60, 80, 100 und 120 mm. Der Stab lag hierbei hochkant in der Maschine.

Nach den Mittelwerten der einzelnen Beobachtungsreihen Tab. 20 sind die voll ausgezogenen Schaulinien Fig. 10—14 aufgetragen. Aus dem allgemeinen Verlauf dieser Linien ergibt sich folgendes:

a) Die Dehnungen nehmen bei der Breitenschicht 20 (Fig. 10), in der Mitte zwischen Stabrand und Loch gelegen (s. Fig. 7), und bei 3 (Fig. 13), in der Stabachse gelegen, mit wachsendem Abstande A von dem durch die Nietlöcher geschwächten Querschnitt $a \sim a$ naturgemäß ab. Der Dehnungswert des vollen Stabes, d. h. das Ende der Reichweite der Querschnittsschwächung durch das Nietloch, scheint bei $A = 90$ bis 100 mm erreicht zu werden.

b) Die Dehnung der Breitenschicht 3 (Fig. 13) zeigt bei $A = 120$ mm nochmals eine auffallend starke Abnahme. Eine Erklärung hierfür ist nicht gefunden worden. Die Ansicht, daß der Einfluß des Einspannloches im Stabkopf bereits zur Geltung gekommen ist, wird durch den Verlauf der späteren Messungen (Tab. 21) entsprechenden punktierten Linie widerlegt.

c) Die Breitenschichten 18 (Fig. 11) und 16 (Fig. 12), neben demselben Nietloch gelegen, zeigen übereinstimmend die größten Dehnungen bei $A = 0$ und auffallenderweise die geringste Dehnung bei $A = 20$ mm; bei $A > 20$ mm nimmt die Dehnung wieder zu. Bei $A = 100$ mm scheint der Einfluß des Nietloches auf die Breitenschicht 16 (Fig. 12) aufzuhören. Die Breitenschicht 18 (Fig. 11) zeigt aber bei $A = 80$ und 100 mm wieder größere Dehnung als der volle Stab.

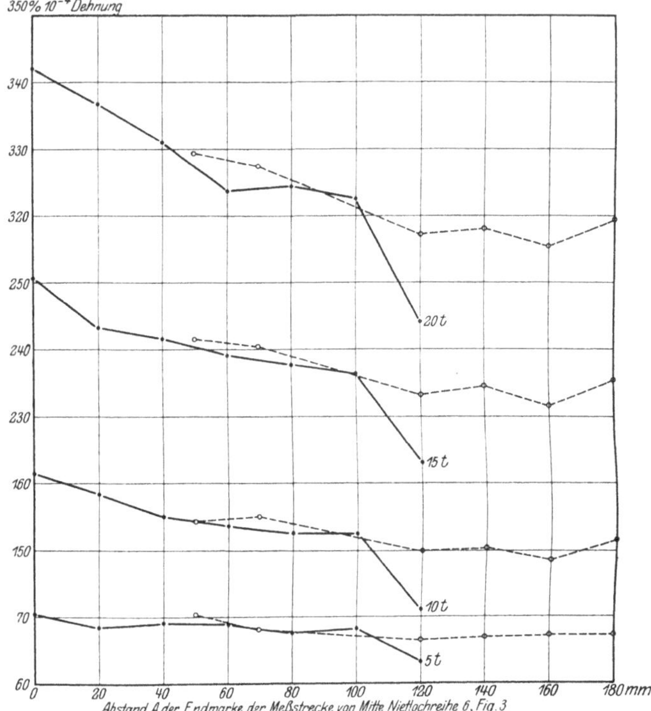

Fig. 13. Mittlere Dehnungen der Breitenschicht 3 (Fig. 7) bei wachsendem Abstande von Mitte Nietlochreihe 6 (Fig. 3).
Die durch × gekennzeichneten Beobachtungen für den Abstand $A = 0$ entstammen der Tab. 17.
Die Werte zu •——• s. Tab. 20 und die zu o– – –o Tab. 21.

d) In der Breitenschicht 17 (Fig. 14), gelegen hinter dem Nietloch, wächst die Dehnung mit zunehmendem A, bis etwa bei $A = 80$ mm der Dehnungswert des vollen Stabes erreicht ist, dann nimmt auch bei dieser Schicht die Dehnung mit wachsendem A wieder ab.

Wenn nun auch mit Rücksicht auf die gute Übereinstimmung der Parallelversuche Messungsfehler bei den vorstehend erörterten Reihen als ausgeschlossen anzusehen waren, so ließen doch einige besonders auffallende Erscheinungen die folgenden Nachprüfungen angebracht erscheinen:

1. Die Dehnungen der Breitenschichten 18 und 16 (Fig. 11 und 12) zeigen zwischen $A = 20$ und 40 mm einen Wendepunkt; zu seiner Ermittlung waren weitere Messungen bei $A = 30$ mm erforderlich.

2. Die Dehnungen dieser Breitenschichten 16 und 18, zu beiden Seiten desselben Loches gelegen, stimmen bei $A = 0$ bis 60 mm gut überein, bei $A > 60$ mm weichen sie indessen wesentlich voneinander ab. Zur Nachprüfung sind für beide Schichten noch Messungen bei $A = 50$, 70, 90 und 140 mm ausgeführt.

3. Für die Breitenschicht 3 (Fig. 13), in Stabmitte gelegen, hatten die Messungen bei $A = 60$ mm für 20 t Belastung und bei $A = 120$ mm für alle Belastungen auffallend geringe Dehnungen geliefert. Zur Nachprüfung sind noch Messungen bei $A = 50$ und 70 mm, sowie bei 120, 140, 160 und 180 mm ausgeführt.

4. Bei der Breitenschicht 17 (Fig. 14), hinter dem Loch gelegen, veranlaßte die Unregelmäßigkeit in der Dehnung bei $A = 60$ mm und der Dehnungsabfall bei $A > 80$ mm Nachprüfungen bei $A = 50$ und 70, sowie bei $A = 140$ mm.

5. Für die Breitenschicht 20 (Fig. 10) war die Dehnung bei $A = 100$ und 120 mm kleiner gefunden als für den vollen Stab, daher wurden hier noch Messungen bei $A = 100$ und 140 mm ausgeführt.

Bei allen diesen Nachprüfungen war die Meßlänge $l = 100$ mm. Die Ergebnisse sind aus Tab. 21 zu ersehen und in den Fig. 10 bis 14 durch punktierte Linien dargestellt.

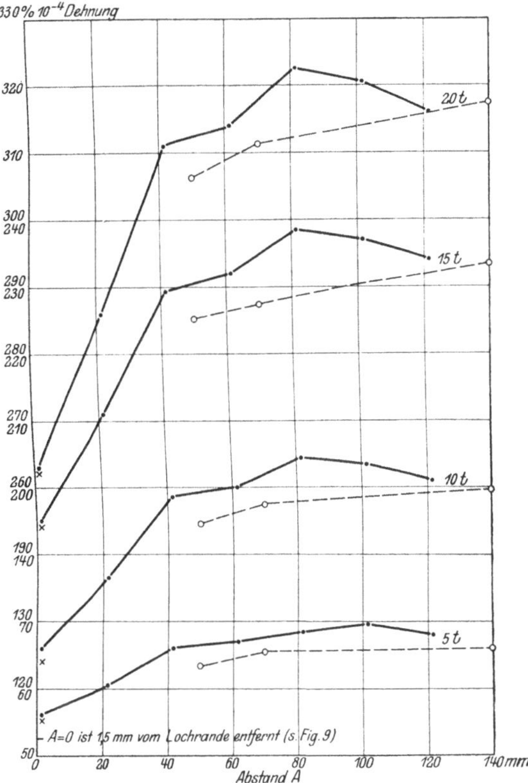

Fig. 14. Mittlere Dehnungen in der Breitenschicht 17 (Fig. 7) bei wachsendem Abstande A von Mitte Nietlochreihe 6 (Fig. 3).
Die durch × gekennzeichneten Beobachtungen für den Abstand $A = 0$ entstammen der Tab. 17.
Die Werte zu •——• s. Tab. 20 und die zu ○– – –○ Tab. 21.

Abgesehen von Fig. 13 für die Breitenschicht 3 liegen die gestrichelten Linien durchweg unter den voll ausgezogenen. Die Nachprüfungen lieferten also für die Breitenschichten 20, 18, 16 und 17 geringere Dehnungen, als bei der ersten Versuchsreihe gefunden waren. Es erschien hiernach nicht ausgeschlossen, daß der Probestab, obgleich er hochkant in der Maschine lag, beim Belasten sich durchbog[1]). Um nun Aufschluß darüber zu erlangen, ob einer solchen Durchbiegung entsprechend die Dehnungen zu beiden Seiten der Stabachse bei derselben Belastungsreihe verschieden sind, sind noch weitere Reihen ausgeführt, bei denen die Dehnungen für die symmetrisch zur Stabachse gelegenen Breitenschichten gleichzeitig gemessen wurden. Gemessen sind hierbei zunächst die Breitenschichten (s. Fig. 7):

18 und 2	bei Abstand A	= 30, 60, 90 und 120 mm	von der letzten Lochreihe.
16 „ 5	„ „ „	= 20, 50, 80 „ 100 „	
17 „ 12	„ „ „	= 20, 50, 80 „ 100 „	

Leider hatte die Festigkeitsprobiermaschine inzwischen wieder zu anderen Versuchen (Antragsarbeiten) verwendet werden müssen. Der Stab war daher zu

[1]) Auf das Ergebnis der Dehnungsmessung in der Stabachse (Breitenschicht 3, Fig. 13) konnte die Durchbiegung selbstverständlich keinen oder jedenfalls nur den geringsten Einfluß ausüben.

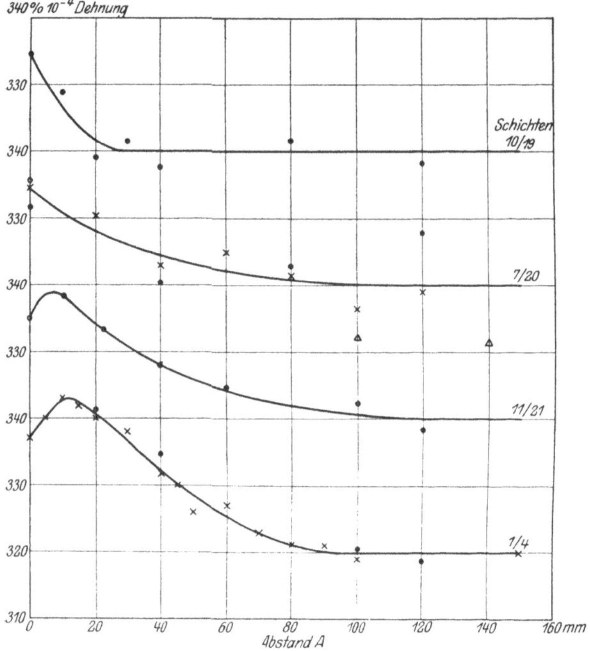

Fig. 15. Dehnung der einzelnen Breitenschichten bei 20t Belastung mit zunehmendem Abstande A vom Querschnitt $a \infty a$ (Fig. 7).

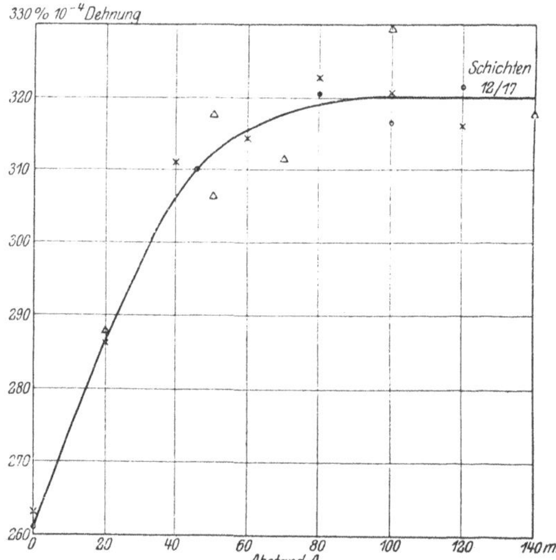

Fig. 16. Dehnung der Breitenschichten 12 und 17 bei 12t Belastung mit zunehmendem Abstande A vom Querschnitt $a \infty a$ (Fig. 7).

den letztgenannten Nachprüfungen wieder neu eingelegt. Die Ergebnisse bringen daher keine unmittelbare Aufklärung für die vorgenannten Dehnungsunterschiede, sondern lassen nur erkennen, ob überhaupt bei möglichst sorgfältigem Einbau des Stabes in die Maschine zu beiden Seiten der Stabachse verschiedene Dehnungswerte sich ergeben.

Die ermittelten Werte sind in Tab. 22 zusammengestellt. Das beste Urteil lassen die Werte für 20 t Belastung zu, da sie die größten sind. Man erkennt, daß für alle Abstände A die Breitenschichten 18, 16 und 17, beim Versuch unterhalb der Stabachse gelegen, größere Dehnungswerte lieferten als die gleichzeitig gemessenen Breitenschichten 2, 5 und 12, oberhalb der Stabachse.

Diese Erscheinung gab Veranlassung, auch für die übrigen je zwei symmetrisch zur Stabachse gelegenen Breitenschichten die Dehnungen noch gleichzeitig zu messen. Die Ergebnisse sind in Tab. 23—30 zusammengestellt. Sie bestätigen die aus Tab. 22 abgeleitete Beobachtung, daß die symmetrisch zur Stabachse gelegenen Breitenschichten bei gleichzeitiger Beobachtung abweichende Dehnungen lieferten. Die Ursachen zu diesen Abweichungen können nur in Zufälligkeiten, Durchbiegung des Stabes, zufälligen Verschiedenheiten im Material oder Fehler in den Anzeigen der Meßapparate, gelegen sein. Daher erschien es angebracht, zur Erzielung der zuverlässigsten Werte für die Dehnungen des Stabes in verschiedenen Entfernungen von der Achse (Mittellinie) die Einzelwerte für die symmetrisch zur Achse gelegenen Meßstrecken zu Mittelwerten zusammenzufassen.

In Fig. 15—17 sind nun die Ergebnisse sämtlicher Dehnungsmessungen bei 20 t Belastung für die einzelnen Breitenschichten aufgetragen und durch Schaulinien ausgeglichen. Fig. 15 enthält die Linien für die vier Breitenschichten 1 und 4, 11 und 21, 7 und 20, sowie 10 und 19; Fig. 16 die Linie für die Breitenschichten 12 und 17 und Fig. 17 die gemeinsame Linie für die Breitenschichten 2, 18, 5 und 16, ferner für die Schichten 13 und 8, sowie die gemeinsame Linie für die Breitenschichten 14 und 16, 15 und 9 und 3.

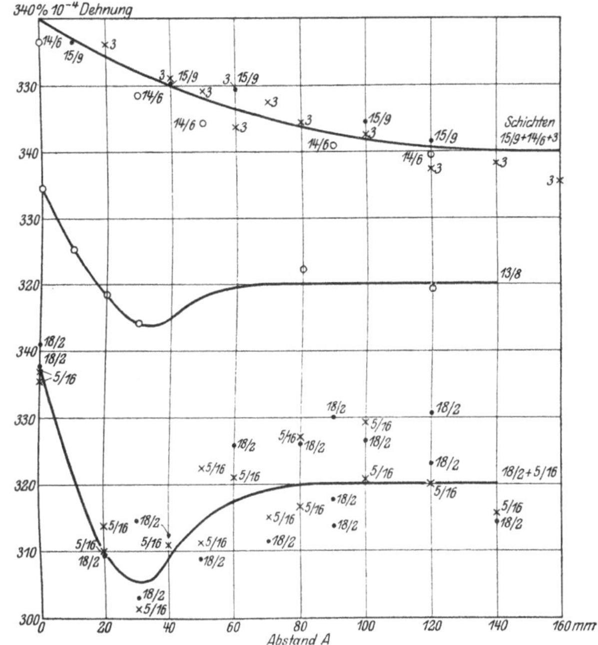

Fig. 17. Dehnung der einzelnen Breitenschichten bei 20 t Belastung mit zunehmendem Abstande A vom Querschnitt $a \infty a$ (Fig. 7).

Hingewiesen möge besonders noch darauf sein, daß durch die Zusammenfassung der Beobachtungen für die Breitenschichten 5 und 16, sowie 2 und 18, ferner von 14 und 6, 15 und 9 und 3 zu zwei gemeinsamen Schaulinien zum Ausdruck gebracht ist, daß die Dehnungen in den vier Breitenschichten zu beiden Seiten der beiden Löcher als gleich groß erachtet sind und ebenso die Dehnungen innerhalb des mittleren Teiles der Stabbreite zwischen den Breitenschichten 14 und 6. Um aber zu zeigen, wie weit die Beobachtungen für die einzelnen Breitenschichten von den gewählten Ausgleichslinien abweichen, sind die den einzelnen Breitenschichten angehörigen Beobachtungspunkte durch verschiedenartige Zeichen unterschieden.

Die Abweichungen der Beobachtungspunkte von der zugehörigen Ausgleichslinie lassen erkennen, daß die aus den letzteren zu entnehmenden Werte, die den weiteren Betrachtungen zugrunde gelegt sind, mit einem Fehler von 2—3% behaftet sein können.

II. Die Verteilung der Zugspannungen in dem Stabteil außerhalb der Nietlöcher.

Bei Ermittlung der örtlichen Zugspannungen an verschiedenen Stellen des Stabes aus den beobachteten Dehnungen für eine gegebene Belastung ist zu beachten, daß die einzelnen Breitenschichten des Stabes infolge der Unterbrechungen durch die Nietlöcher bei der Beanspruchung auf Zug sich krümmen und daher auch die Wirkung der Querkräfte senkrecht zu den Längskräften in Rücksicht zu ziehen ist, weil die Beziehungen der Längsspannungen zu den Längsdehnungen durch den Einfluß der Querkräfte beeinflußt werden.

Strenge genommen gilt dieser Einfluß sowohl für die Querkräfte in Richtung der Stabbreite als auch für die Querkräfte in Richtung der Stabdicke. Die letzteren sind wegen der geringen Unterschiede in den Dicken an verschiedenen Stellen des belasteten Stabes den ersteren gegenüber nur gering. Vernachlässigt man sie, so gelten zur Berechnung der Längsspannungen σ_1 und der Querspannungen σ_2 die Gleichungen:

(6) $$\sigma_1 = \frac{m(m\,\varepsilon_1 + \varepsilon_2)}{\alpha(m^2 - 1)} .$$

und

(7) $$\sigma_2 = \frac{m(\varepsilon_1 + m\,\varepsilon_2)}{\alpha(m^2 - 1)} ,$$

wenn bedeuten:

α die Dehnungszahl des Materials,

ε_1 und ε_2 die Dehnungen der Längeneinheit längs und quer, und

m das Verhältnis der beiden Dehnungen $= \varepsilon_1/\varepsilon_2$.

Die Dehnungszahl $\alpha = \varepsilon_1/\sigma_1$ berechnet sich für den untersuchten Stab aus den an dem vollen Stabteil für 19 t Belastung ermittelten Werten von $\varepsilon_1 = 32$ cm 10^{-5} und $\sigma_1 = 676$ kg/qcm zu

$$\boldsymbol{\alpha = 473 \cdot 10^{-9}} .$$

Die Dehnungswerte ε_1 und ε_2 sind in folgender Weise ermittelt:

1. Ermittlung der Längsdehnungen ε_1 für die Längeneinheit.

Denkt man sich die zu berechnende Dehnung ε_1 der Längeneinheit, d. h. jedes einzelnen Zentimeters der zu untersuchenden Breitenschicht, unmittelbar ermittelt und die hierbei beobachteten Werte nach Maßgabe von Fig. 18 in gleichen Abständen über die Abszisse aufgetragen, so stellt die erhaltene Fläche $a\,b\,c\,d$ die Gesamtdehnung der Breitenschicht dar, soweit sie zu der Untersuchung herangezogen ist.

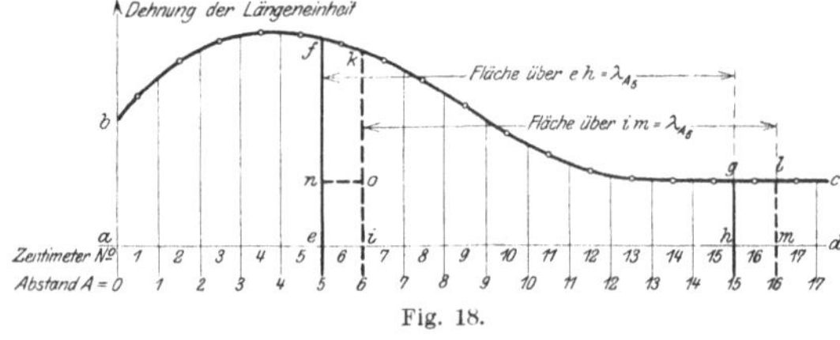

Fig. 18.

Bei den im Vorstehenden besprochenen Versuchsreihen sind immer die Gesamtdehnungen für je 10 cm beobachtet, z. B. bei den Messungen mit $A = 5$ und $A = 6$ die Dehnungen für die Meßstrecken, umfassend die zehn Zentimeter 6 bis 15 bzw. 7 bis 16. Diesen Beobachtungswerten entsprechen in Fig. 18 die Flächen $e\,f\,g\,h$ und $i\,k\,l\,m$. In beiden Beobachtungen ist die der Fläche $i\,k\,g\,h$ entsprechende Dehnung der Strecke, umfassend Zentimeter 7 bis 15, enthalten, während $e\,f\,k\,i$ die Dehnung des 6. und $h\,g\,l\,m$ die Dehnung des 16. Zentimeters darstellen.

Bezeichnet man nun entsprechend dem Abstande A der einen Endmarke der Meßlänge von Mitte Nietlochreihe (Querschnitt $a \sim a$, Fig. 7) die Fläche $e\,f\,g\,h$ mit λ_{A_5}, die Fläche $i\,k\,l\,m$ mit λ_{A_6} und die Flächen $e\,f\,k\,i$ und $h\,g\,l\,m$, die die Dehnungen des Zentimeters $A + 1$, d. h. bei dem gewählten Beispiel des 6. bzw. 16. Zentimeters der Breitenschicht darstellen, mit ε_6 und ε_{16}, so ist:

$$\lambda_{A_5} - \lambda_{A_6} = n\,f\,k\,o ,$$

wenn

$$e\,n\,o\,i = h\,g\,l\,m = \varepsilon_{16} \text{ ist,}$$

und demnach

(8) $$\varepsilon_6 = e\,f\,k\,i = n\,f\,k\,o + e\,n\,o\,i = \lambda_{A_5} - \lambda_{A_6} + \varepsilon_{16} .$$

Die Dehnung ε_A jedes einzelnen Zentimeters der untersuchten Breitenschicht des Stabes, und zwar immer die des ersten, der Lochreihe 6 am nächsten gelegenen Zentimeters der Meßlänge, ist demnach allgemein gleich dem Unterschied zwischen den Dehnungen $\lambda_A - \lambda_{A+1}$ der beiden um den betreffenden Zentimeter gegeneinander verschobenen Meßstrecken, vermehrt um die Dehnung des zehnten oder letzten Zentimeters der von der Lochreihe entfernteren der beiden Meßstrecken, also allgemein

$$\varepsilon_A = \lambda_A - \lambda_{A+1} + \varepsilon_{A+10} \,. \tag{9}$$

Bei den Meßstrecken mit größtem A liegt das Ende der Meßlänge l stets außerhalb des Bereiches des Locheinflusses; für diese Meßstrecken ist also

$$\varepsilon_{A+10} = \varepsilon_1 \,,$$

wenn ε_1 die Dehnung der Längeneinheit des Stabmaterials für den vollen Stabquerschnitt ist. Hierdurch ist die Möglichkeit gegeben, an Hand der Gl. (9), beginnend mit den Beobachtungen für die Meßstrecken mit größtem A, die Werte von ε_A für jeden einzelnen Zentimeter zu berechnen.

Die Richtigkeit vorstehender Darlegungen ergibt sich auch durch folgende Rechnung:

Ist l = Meßlänge von 10 cm,
n = Anzahl der Zentimeter (Längeneinheiten), die von der Meßlänge l bereits im Bereich des Locheinflusses liegen,
$\lambda = \lambda_0, \lambda_1, \lambda_2$ usw. = Dehnung, beobachtet in derselben Breitenschicht für die Meßlängen l mit $n = 0, 1, 2, 3$ usw.,
λ' = Dehnung desjenigen Teiles der Meßlänge l, der außerhalb des Bereiches des Locheinflusses liegt,
λ_n = Dehnung der vorgenannten n Längeneinheiten der Meßlänge, die bereits im Bereich des Locheinflusses liegen,
ε = Dehnung der Längeneinheit (= 1 cm) außerhalb des Einflußbereiches des Loches[1]),

so ist $\lambda' = \varepsilon(10 - n)$ und
$\lambda_n = \lambda - \lambda' = \lambda - \varepsilon(10 - n)$.

Der Unterschied $\Delta\lambda_n$ der Dehnungen λ_n für zwei aufeinanderfolgende, um 1 cm nach dem Loch hin gegeneinander verschobene Meßstrecken ergibt dann die Dehnung ε_1 des dem Loch zugekehrten Zentimeters der zweiten Meßstrecke. Z. B. sind für die beiden Meßstrecken mit $n = 2$ und 3 und mit den beobachteten Dehnungen λ_2 und λ_3

$$\lambda_{n_2} = \lambda_2 - \varepsilon(10 - 2) = \lambda_2 - 8\varepsilon \,,$$

$$\lambda_{n_3} = \lambda_3 - \varepsilon(10 - 3) = \lambda_3 - 7\varepsilon \,,$$

also entsprechend der Gl. (9):

$$\varepsilon_1 = \Delta\lambda_n = \lambda_{n_3} - \lambda_{n_2} = \lambda_3 - \lambda_2 + \varepsilon \,.$$

Nach den Gl. (8) und (9) sind nun in Tab. 31 die Werte für ε_A berechnet.

---

[1]) Dieser Wert muß nach Maßgabe von Tab. 12 gleich 32,0 cm 10^{-5} sein, sofern nicht vom Kopf des Stabes aus sich neue Einflüsse auf die Dehnung des Stabes geltend machen.

2. Ermittlung der Querdehnungen ε_2 für die Längeneinheit.

Die örtlichen Querdehnungen im Bereich des untersuchten Stabteiles sind wie folgt ermittelt:

In 9 Querschnitten mit den Abständen $A = 0, 5, 10, 15, 20, 40, 70, 100$ und 140 mm vom Lochquerschnitt $a \backsim a$ (Fig. 7) sind mit Martensschen Spiegelapparaten die Gesamtlängenänderungen λ_q senkrecht zur Zugrichtung im allgemeinen für 10 verschiedene Meßlängen $l_q = 15, 30, 40, 50, 60, 70, 80, 90, 100$ und 110 mm beobachtet. Das eine Ende aller Meßlängen lag in der Stabmitte[1]); die Unterschiede $\Delta\lambda_q$ in den nach wachsender Meßlänge aufeinanderfolgenden Beobachtungen $\lambda_{q_{15}}$ bis $\lambda_{q_{110}}$ ergeben somit die Längenänderungen für diejenige Strecke der Stabbreite, die dem Unterschiede in den Meßlängen entspricht, denen die in Betracht gezogenen Beobachtungen zugehören.

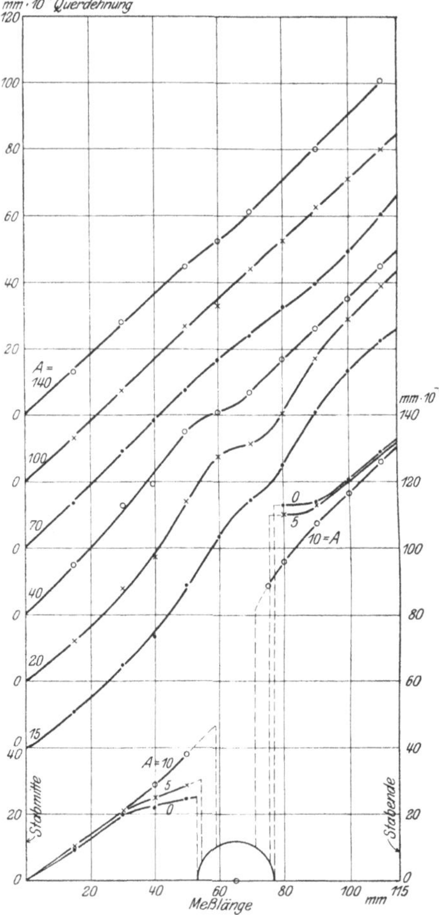

Fig. 19. Verteilung der Querdehnung über die Stabbreite in verschiedenen Abständen A vom Lochquerschnitt.

Für jede Meßstrecke liegen drei Beobachtungen vor (s. Tab. 32). Nach den Mittelwerten sind die Schaulinien Fig. 19 aufgetragen und diesen die in Tab. 33 aufgeführten Werte für λ_q entnommen. Aus letzteren sind in Tab. 33 die Werte für $\Delta\lambda_q$ und aus diesen schließlich die Querdehnungen ε_2 für die Längeneinheit an den verschiedenen Stellen des Stabes berechnet. Im Bereich des Loches, d. h. für die drei Reihen mit $A = 0,5$ und 10 mm gelten statt der Meßlängen $l_q = 60$ und 70 mm die in Tab. 33 angegebenen besonderen Werte für l_q.

Nach den Werten für ε_2 Tab. 33 und einigen Zwischenrechnungen für $\Delta l_q = 5$ mm sind die Schaulinien Fig. 20 und 21 verzeichnet, die den Verlauf der Querdehnungen für die Längeneinheit in den einzelnen Stabquerschnitten mit den am linken Ende der Linien angegebenen Abständen A vom Lochquerschnitt darstellen.

Auffallend ist an den Linien Fig. 21 die Lage der Wendepunkte. Die Minima der Querdehnungen (Breitenabnahme) fallen nicht mit der Mittellinie durch das Loch zusammen, sondern wandern mit zunehmender Entfernung A vom Lochquer-

[1]) Nur für $l_q = 15$ mm wurde die Dehnung für 30 mm Länge ermittelt. Die Enden dieser Länge lagen je 15 mm von der Stabmitte entfernt, so daß der halbe Beobachtungswert als die Dehnung für $l_q = 15$ mm angesprochen werden konnte.

schnitt nach der Stabmitte hin, in Fig. 21 nach links. In gleicher Richtung bewegen sich die Maxima der Querdehnungen links vom Loch, d. h. gelegen in dem Stabteil zwischen den beiden Löchern in demselben Querschnitt.

Bei $A = 140$ mm war die Querdehnung an allen Stellen des Stabquerschnittes gleich groß. Annähernd den gleichen Wert zeigte sie bei $A = 100$ mm, indessen erscheint sie hier nach der Stabmitte hin noch etwas größer. Dagegen zeigt sie vom Loch aus nach dem Rande hin einen ganz auffallenden Verlauf.

Fig. 22 zeigt die nach den Beobachtungen Tab. 33 aufgetragenen Krümmungen der einzelnen Breitenschichten in verschiedenen Abständen l_q von Stabmitte. Der Verlauf der Linien läßt die starke Verzerrung des Materials infolge der Unterbrechung des Stabes durch das Loch deutlich erkennen. Zwischen Loch und Stabrand erfahren die Breitenschichten nach dem Verlauf der Linien für $l_q = 80$ bis 110 mm eine starke Krümmung nach der Stabmitte hin, beginnend etwa bei $A = 70$ mm und nach dem Lochquerschnitt hin stark und stetig anwachsend. Auch die Linie für $l_q = 70$, die nach links von Mitte Loch ($l_q = 65$ mm) gelegen ist, zeigt Krümmung in derselben Richtung wie die vorgenannten.

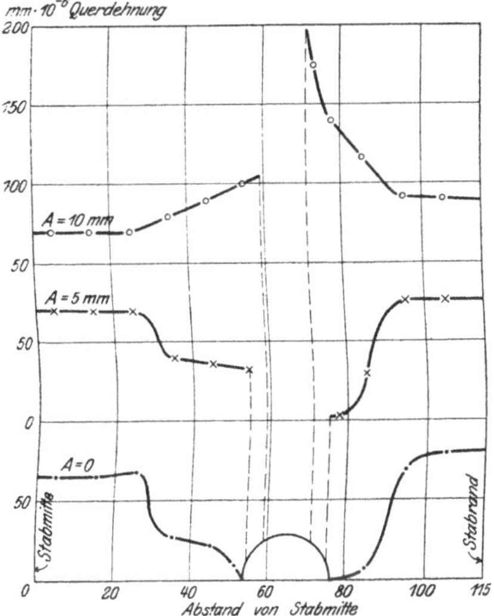

Fig. 20. Querdehnungen ε_2 der Längeneinheit an verschiedenen Stellen des Stabes, gegeben durch den Abstand von Stabmitte und den Abstand A vom Lochquerschnitt.

I. Im Bereich des durch die Nietlöcher geschwächten Stabteiles.

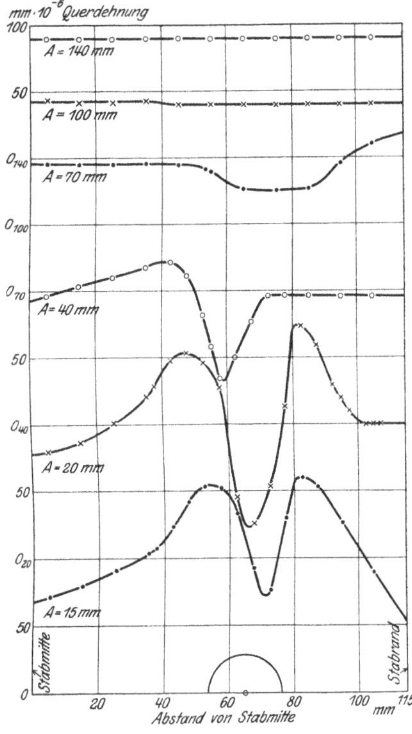

Fig. 21. Querdehnungen ε_2 der Längeneinheit an verschiedenen Stellen des Stabes, gegeben durch den Abstand von Stabmitte und den Abstand A vom Lochquerschnitt.

II. Im Bereich des vollen Stabes.

Alle zwischen dem Loch und der Stabmitte gelegenen Schichten erfuhren doppelte Krümmung. Am geringsten war die Annäherung der Schicht an die Stabmitte im Lochquerschnitt ($A = 0$); mit wachsendem A nahm sie zunächst langsam und dann schnell zu. Zwischen $A = 20$ und 40 mm zeigen die Krümmungen der einzelnen Schichten Wendepunkte, und zwar bei um so kleinerem A, je weiter die Schicht von Stabmitte entfernt ist.

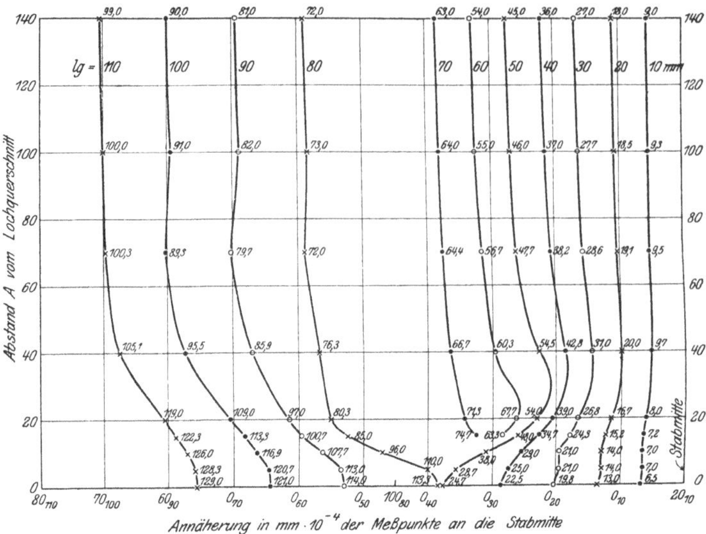

Fig. 22. Krümmung der Breitenschichten im Abstande l_q von Stabmitte.

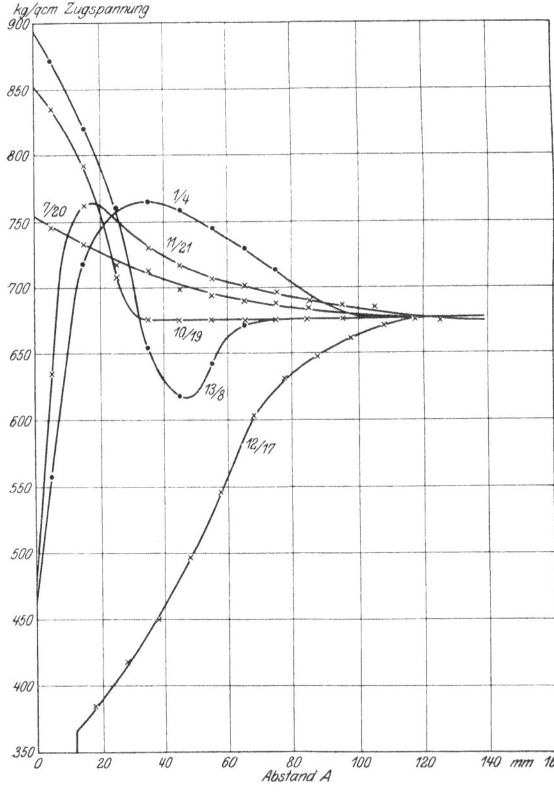

Fig. 23. Zugspannungen in den einzelnen Breitenschichten bei wachsendem Abstande A vom Querschnitt $a \sim a$ (Fig. 7). Die Zahlen neben den Linien bedeuten die Nummern der Schichten.

3. Ermittlung der Zugspannungen aus den Längsdehnungen.

Die Dehnung ε der Längeneinheit des vollen Stabes außerhalb des Einflußbereiches der Nietlöcher ist nach Tab. 12 für 20 — 1 = 19 t Belastungszunahme[1]) zu

$$\varepsilon = 32 \text{ cm} \cdot 10^{-5}$$

ermittelt. Der Querschnitt f des vollen Stabes ist

$$f = 23{,}0 \cdot 1{,}22 \text{ cm} = 28{,}1 \text{ qcm}.$$

Demnach berechnet sich die Zugspannung σ, die der Dehnung der Längeneinheit $\varepsilon = 32$ cm 10^{-5} entspricht, zu

$$(10) \qquad \sigma = \frac{P}{f} = \frac{19\,000}{28{,}1} = 676 \text{ kg/qcm}.$$

[1]) Die Beschränkung der Betrachtungen auf 20 t Gesamtbelastung erschien angebracht, weil die Dehnungen für dieselbe Meßstrecke sich bis zu 20 t der Belastung proportional erwiesen, also die Spannungsverteilung für alle Belastungen bis zu 20 t demselben Gesetz folgt.

Da nun die Proportionalitätsgrenze des Materials bei der angewendeten Höchstlast von 20 t an keiner Stelle des Stabes überschritten worden ist, so berechnet sich ferner die mittlere örtliche Spannung σ_A innerhalb eines beliebigen Zentimeters der Meßstrecke zunächst unter Vernachlässigung der Querdehnungen aus der örtlichen Dehnung ε_A dieses Zentimeters nach der Proportion

$$\sigma_A : \sigma = \varepsilon_A : \varepsilon$$

zu

$$\sigma_A = \frac{\sigma \cdot \varepsilon_A}{\varepsilon} = \frac{676}{32} \cdot \varepsilon_A = 21{,}1\, \varepsilon_A \,. \tag{11}$$

Die nach dieser Gleichung erhaltenen Werte von σ_A sind in Tab. 31 mit aufgenommen und in Fig. 23 und 24 durch Schaulinien dargestellt. Zu beachten war bei der Auftragung dieser Linien, daß die in Tab. 31 angegebenen Spannungswerte σ_A die mittleren Spannungen innerhalb je eines 1 cm langen Teiles der betreffenden Breitenschicht bedeuten, und daß immer der Wert für $A = 0$ dem ersten Zentimeter, für $A = 1$ dem zweiten Zentimeter usw. hinter dem Querschnitt $a \backsim a$ (Fig. 7) angehört. Dementsprechend sind in den Fig. 23 und 24 den als Ordinaten aufgetragenen Werten von σ_A für $A = 0$, $A = 1$, $A = 2$ usw. die Abszissen 5 mm, 10 mm, 15 mm usw. beigeordnet.

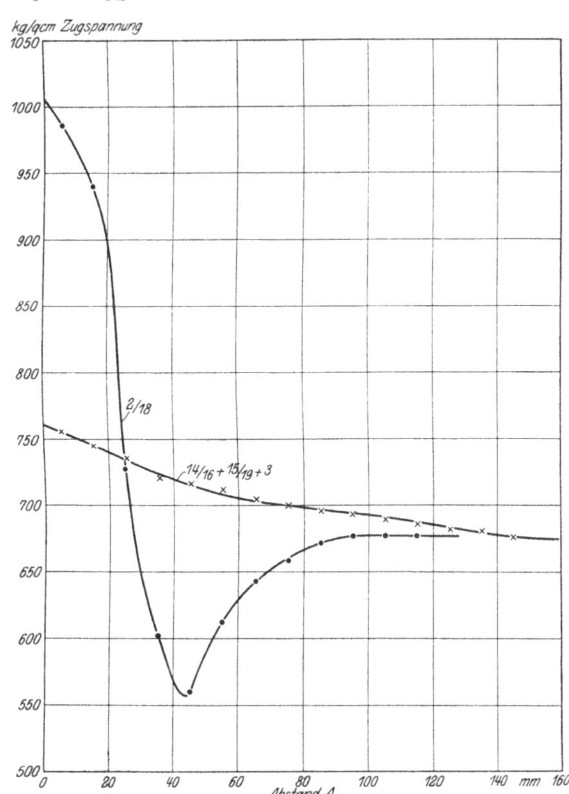

Fig. 24. Zugspannungen in den einzelnen Breitenschichten bei wachsendem Abstande A von dem Querschnitt $a \backsim a$ (Fig. 7). Die Zahlen neben den Linien bedeuten die Nummern der Schichten.

Die Schaulinien Fig. 23 und 24 zeigen den Verlauf der aus den Längsdehnungen berechneten Zugspannungen bei 20 t Belastung des Stabes in den einzelnen Breitenschichten, ausgehend von dem Querschnitt $a \backsim a$ (Fig. 7) nach dem Stabende hin, also in dem vollen ungelochten Teil des Stabes. An diesen Linien sind nun die in Tab. 34 zusammengestellten Werte für die gleichen Abstände A bestimmt und nach ihnen die Schaulinien Fig. 25 und 26 aufgetragen. Sie zeigen, wie die Zugspannungen, berechnet aus den Längsdehnungen, in den einzelnen Querschnitten des Stabes über die Stabbreite sich verteilen.

Schließlich sind aus den Schaulinien Fig. 23 bis 26 noch die Punkte mit gleichen Spannungen abgegriffen und hiernach die Schaulinien Fig. 27 verzeichnet, sowie die körperliche Darstellung Fig. 28 gefertigt. Die beiden letztgenannten Abbil-

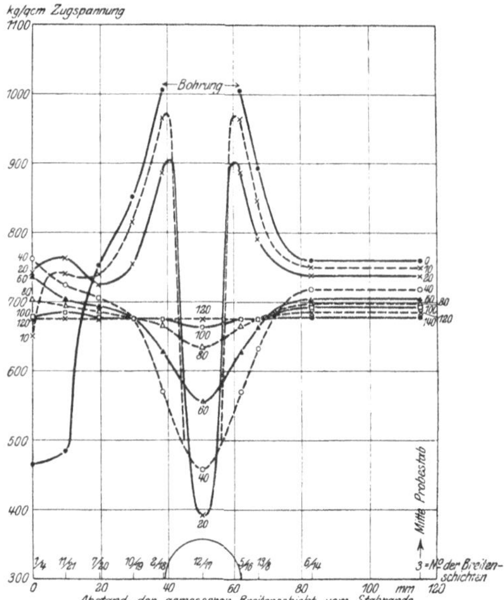

Fig. 25. Verlauf der Zugspannungen in den einzelnen Stabquerschnitten mit den Abständen $A = 0$, 10, 20, 40, 60, 80, 100, 120 und 140 mm vom Querschnitt $a \sim a$ (Fig. 7).
I. Zugspannungen berechnet aus den Längsdehnungen ε_1.

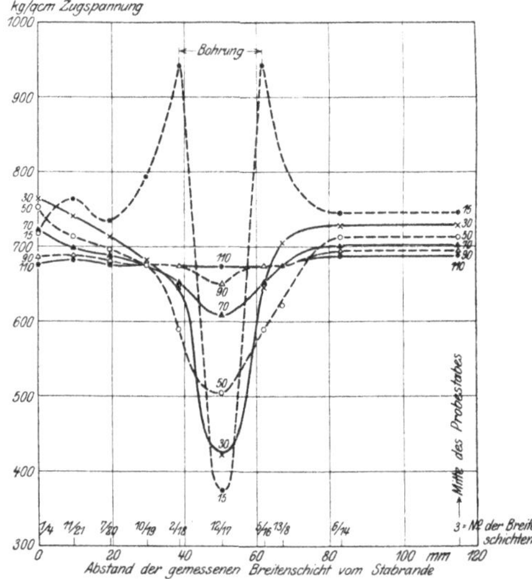

Fig. 26. Verlauf der Zugspannungen in den einzelnen Stabquerschnitten mit den Abständen $A = 15$, 30, 50, 70, 90, und 110 mm vom Querschnitt $a \sim a$ (Fig. 7).
I. Zugspannungen berechnet aus den Längsdehnungen ε_1.

dungen lassen die Verteilung der Zugspannungen in dem ungelochten Stabteil hinter dem Lochquerschnitt $a \sim a$ (Fig. 7) erkennen.

4. Ermittlung der Zugspannungen aus den Längs- und Querdehnungen.

Die zusammengehörigen, für dieselbe Stelle des Stabes geltenden spezifischen Längsdehnungen ε_1 [1]) und Querdehnungen ε_2 [2]) sind in Tab. 35 gegenübergestellt. Außerhalb des Bereiches des Locheinflusses (voller Stabteil bei $A = 140$ mm) ist $\varepsilon_1 = 32$ cm $\cdot 10^{-5}$ und $\varepsilon_2 = 9$ cm 10^{-5} ermittelt. Hieraus ergibt sich

$$m = \varepsilon_1/\varepsilon_2 = 3{,}56\ .$$

Mit diesem Werte für m und dem oben berechneten Wert $\alpha = 473 \cdot 10^{-9}$ (s. S. 22) wird nach Gl. (6) und (7)

$$(12) \qquad \sigma_1 = 644\,739(m\,\varepsilon_1 + \varepsilon_2)\,,$$

$$(13) \qquad \sigma_2 = 644\,739(\varepsilon_1 + m\,\varepsilon_2)\ .$$

Nach diesen Gleichungen sind die in Tab. 36 gegebenen Spannungen berechnet. Zu beachten war hierbei, daß die Querdehnungen Verkürzungen darstellen, die Werte von ε_2 also mit negativem Vorzeichen in die Rechnungen einzuführen waren.

Fig. 29 und 30 zeigen an den zu Schaulinien aufgetragenen Werten der Tab. 36 den Verlauf der Längs- (Fig. 29) und Quer- (Fig. 30) Spannungen in den einzelnen Querschnitten des Stabes in verschiedenen Abständen A vom Lochquerschnitt $a \sim a$. Die dem gleichen A angehörenden Linien Fig. 25 und 29 unterscheiden sich im allgemeinen nicht wesentlich voneinander; nur bei $A = 0$ und 10 mm zeigen die Höchstspannungen an den Lochrändern nennenswerte Unterschiede. Die Spannungen sind bei Berücksichtigung der Querdehnungen ε_2 größer gefunden (Fig. 29) als bei Berechnung lediglich aus

[1]) Berechnet aus den Werten σ_A, Tab. 31, nach der Gleichung $\varepsilon_1 = \sigma/2{,}11$.
[2]) Entnommen den Schaulinien Fig. 20 und 21.

den Längsdehnungen ε_1 (Fig. 25) und im ersteren Falle ergeben sich zu beiden Seiten des Loches verschiedene Spannungen.

Die mittlere Spannung σ_m im Lochquerschnitt berechnet sich für die Belastung $P = 19$ t mit dem Querschnitt $f = 22{,}5$ qcm zu $\sigma_m = 846$ kg/qcm. Die Höchstspannung $\sigma_{\max}$ neben dem Lochrande ergibt sich zu $\sigma_{\max} = 1100$ kg/qcm. Das Verhältnis beider ist demnach $\frac{1100}{846} = 1{,}30$. Preuß[1]) fand dieses Verhältnis bei Stäben, die in der Mitte mit einem Loch versehen waren, zu 2,1 bis 2,3; Werte, die von Leon und Zidlicky[2]) um 2 bis 9% zu klein bezeichnet werden. Die Ursache für die geringen Verhältniszahlen von $\sigma_{\max}/\sigma_m$ bei dem doppelt gelochten Stabe gegenüber dem Stabe mit einem Loch in der Mitte dürfte darin zu suchen sein, daß der Stabteil zwischen den beiden Löchern wesentlich höher beansprucht ist als die zwischen den Löchern und den Stabrändern gelegenen Teile, wie Fig. 29 deutlich erkennen läßt.

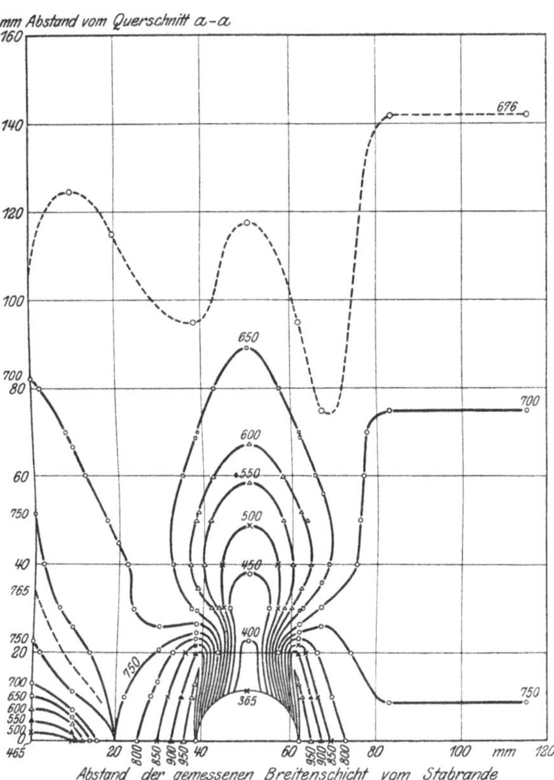

Fig. 27. Verteilung der Zugspannungen über die Stablänge. (Linien gleicher Spannungen.)

Eine Kontrolle für die Richtigkeit der beobachteten Werte liegt in der Größe der von den Schaulinien umschlossenen Flächen. Bei dem zum Verzeichnen der Linien (Fig. 29) ursprünglich gewählten Maßstabe, 1 cm Ordinate = 50 kg/qcm Spannung und 1 cm Abszisse = 1 cm Stabbreite, ergaben sich die in Tab. 37 gegenübergestellten Werte. Die Übereinstimmung

Tabelle 37.

Abstand A in cm für den der Schaulinienfläche angehörigen Stabquerschnitt		0	5	10	15	20	40	70
Schaulinienflächen	berechnet . . . F	1555	1555	1555	1555	1555	1555	1555
	beobachtet . . F_1 (s. Fig. 29)	1452	1528	1640	1705	1610	1540	1564
	Verhältnis. . . F_1/F	0,94	0,98	1,03	1,10	1,03	0,99	1,00
	Unterschied . . $\frac{F_1 - F}{F} \cdot 100$	$-6{,}6$	$-1{,}8$	$+5{,}5$	$+9{,}6$	$+3{,}5$	$-1{,}0$	0

[1]) Preuß, „Versuche über die Spannungsverteilung in gelochten Zugstäben.“ Mitteilungen über Forschungsarbeiten, Verein deutsch. Ing. 1912, Heft 126, S. 47.

[2]) Leon und Zidlicky, „Die Ausnutzung des Materials in gelochten Körpern.“ Z. Ver. deutsch. Ing. 1915, S. 11.

der beobachteten Werte F_1 mit den berechneten F kann als recht befriedigend bezeichnet werden. Die erhaltenen Unterschiede können nicht befremden, zumal wenn man beachtet, daß die Einzelbeobachtung für die Dehnungen der symmetrisch zu beiden Seiten der Stabmitte gelegenen Meßstrecken recht erheblich voneinander abweichen und die der Berechnung zugrunde gelegten Werte Ausgleichslinien entnommen sind. Hierzu kommt noch, daß die Messungen der Querdehnungen im Hinblick auf den außerordentlich großen Arbeitsaufwand auf die eine Stabhälfte beschränkt worden ist.

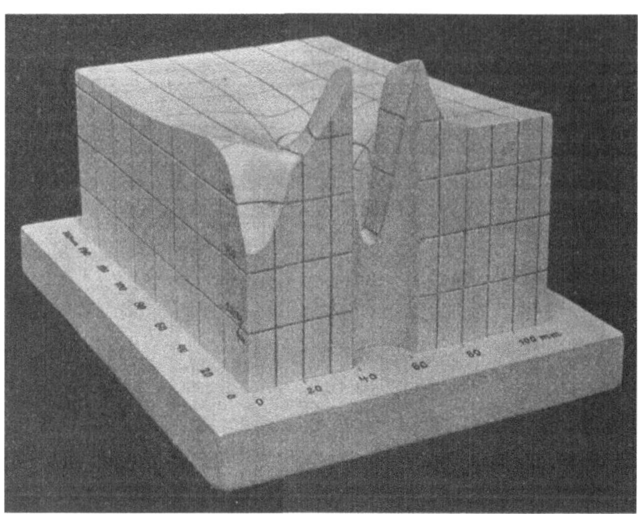

Fig. 28. Körperliche Darstellung für die Verteilung der Zugspannungen.

Aus dem Vergleich der Ergebnisse dieser Untersuchung mit denen von Preuß, Leon und anderen läßt sich daher wohl schließen, daß das Material der Stäbe mit zwei Bohrungen in demselben Querschnitt unter sonst gleichen Umständen infolge besserer Spannungsverteilung wesentlich günstiger beansprucht ist als bei Stäben mit nur einem Loch in der Mitte.

III. Zusammenfassung der Ergebnisse.

Aus den vorliegenden Versuchen ergibt sich folgendes:

1. Bei Beanspruchung eines mit Bohrungen oder Löchern versehenen Stabes auf Zug ist die Zugspannung bis zu einem gewissen Abstande A vom Lochquerschnitt (Querschnitt mit Mitte Loch) nicht gleichmäßig über die Stabquerschnitte verteilt.

2. Die Reichweite A des Locheinflusses ergab sich bei dem untersuchten Stab zu $A = 100$ bis 120 mm.

3. Bei Anordnung mehrerer Lochreihen in Abständen kleiner als A überstrahlen sich die Einflüsse der in Richtung der Zugbeanspruchung hintereinander gelegenen Löcher.

4. Bei Berechnung der Dehnung eines Stabes mit Nietlöchern vom Durchmesser d unter Einführung rechteckiger Löcher von der Länge d und der Breite $n\,d$ statt der kreisrunden Löcher darf wegen der ungleichmäßigen Spannungsverteilung nicht allgemein $n = 0{,}8$ gesetzt werden.

An dem untersuchten Stabe (Fig. 3) ergab sich n bei 100 mm Meßlänge gelegen auf den Stabrändern innerhalb des Stabteiles mit offenen Nietlöchern von 23 mm Durchmesser zu $n = 1{,}704$.

Bei Löchern mit eingezogenen Nieten und Unterlagsplatten unter dem Schließkopf wuchs n bei Steigerung der Belastung von 1 auf 20 t von $n = 0$ bis $n = 0{,}600$.

5. Nach Beseitigung der Zugspannung aus dem Niet durch Abhobeln des Schließkopfes nahm n annähernd den gleichen Wert an wie für den Stabteil mit Löchern ohne Niet. Die Ausfüllung der Löcher mit dem Nietschaft hatte somit innerhalb der angewendeten Belastung keinen nennenswerten Einfluß auf die Dehnung des Stabes.

6. Infolge der ungleichmäßigen Querdehnungen bei Beanspruchung eines gelochten Stabes auf Zug erfährt vornehmlich das Material im kleinsten Querschnitt und hier besonders an den Stellen neben den Löchern erhöhte Zugspannung.

7. *Die* größte Zugspannung σ_{max} *herrscht* bei Beanspruchung eines in demselben Querschnitt mit zwei Löchern versehenen Stabes auf Zug in dem kleinsten Querschnitt an den Lochwandungen. Hier war σ_{max} 1,3 mal so groß als die außerhalb der Reichweite des Locheinflusses gleichmäßig über den Stabquerschnitt verteilte Zugspannung σ_m.

8. In dem Stabteil zwischen den beiden in demselben Stabquerschnitt gelegenen Löchern war die Zugspannung größer als in den beiden Teilen zwischen Loch und Stabrand. Dies hat zur Folge, daß bei dem gleichen Stabquerschnitt σ_{max} bei einem Loch in der Mitte größer ist als σ_{max} bei zwei Löchern in demselben Querschnitt.

Für die außerordentlich sorgfältige Ausführung der Versuche bin ich den Herren Ingenieur Panzerbieter, Dipl.-Ing. Stamer, Dipl.-Ing. Feddern und Dipl.-Ing. Rudeloff zu Dank verpflichtet, ersterem besonders auch für wertvolle Hinweise bei Aufstellung der Arbeitspläne.

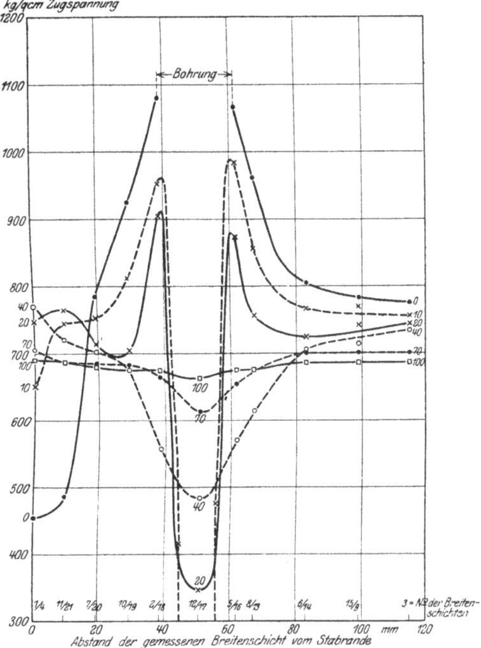

Fig. 29. Verlauf der Zugspannungen in den einzelnen Stabquerschnitten mit den Abständen $A = 0$, 10, 20, 40 und 100 mm vom Querschnitt $a \infty a$ (Fig. 7).

II. Zugspannungen berechnet aus den Längsdehnungen ε_1 und Querzusammenziehungen ε_2.

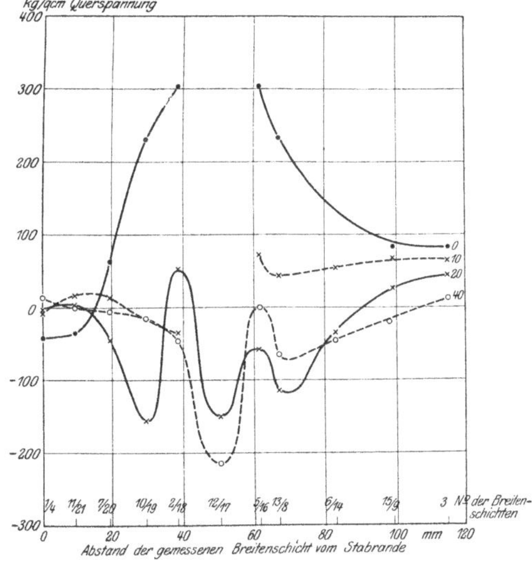

Fig. 30. Verlauf der Zugspannungen in den einzelnen Stabquerschnitten mit den Abständen $A = 0$, 10, 20 und 40 mm vom Querschnitt $a \infty a$ (Fig. 7).

Berechnet aus den Längsdehnungen ε_1 und Querzusammenziehungen ε_2.

Tabelle 1. **Dehnungen der Meßstrecken a_1 und a_2** (volles Blech).

Meßlänge = 100 mm.

Reihe Nr.	Meßstrecke a_1 (Fig. 3)					Meßstrecke a_2 (Fig. 3)					Bemerkungen
	Gesamtdehnung auf 100 mm Meßlänge in mm 10^{-4} bei den Belastungen in t										
	5	10	15	20	bleibend	5	10	15	20	bleibend	
I 1	68	154	241	326	+2	67	152	234	318	+1	**Spiegelsitz unverändert.**
2	68	153	238	323	−1	68	151	235	322	+0	
3	69	154	239	324	+0	67	150	235	322	±0	
Mittel	**68**	**154**	**239**	**324**	—	**67**	**151**	**235**	**321**	—	
I 4	69	155	239	323	±0	70	150	232	318	+0	Spiegelsitz wie bei I 1—3.
5	70	155	239	323	+0	68	151	233	318	+1	
6	70	156	240	324	+0	67	151	232	318	+2	
Mittel	**70**	**155**	**239**	**323**	—	**68**	**151**	**232**	**318**	—	
I 7	69	155	238	323	+0	68	151	232	318	+2	Spiegelsitz wie bei I 1—3.
8	69	153	238	322	+0	65	147	230	314	−2	
9	67	153	238	321	+0	67	149	232	314	−1	
Mittel	**68**	**154**	**238**	**322**	—	**67**	**149**	**231**	**315**	—	
II 1	67	154	238	322	±0	67	148	232	315	+0	Spiegelsitz gegen I 1—9 unverändert.
2	68	154	238	322	±0	65	149	233	315	+0	
3	68	155	239	322	+0	67	149	233	315	±0	
Mittel	**68**	**154**	**238**	**322**	—	**66**	**149**	**233**	**315**	—	
II 4	68	153	238	322	±0	65	147	233	315	+0	Spiegelsitz gegen I 1—9 unverändert.
5	68	153	238	322	+0	65	149	232	315	±0	
6	68	152	238	321	+0	65	148	233	315	±0	
7	68	153	238	321	±0	65	148	233	315	±0	
8	68	153	239	320	+0	65	149	232	315	+0	
Mittel	**68**	**153**	**238**	**321**	—	**65**	**148**	**233**	**315**	—	
II 9	67	152	237	321	+0	67	149	234	316	±0	Spiegelapparate vertauscht von a_1 nach a_2.
III 1	(72)	(158)	(243)	(328)	+12	(70)	(156)	(239)	(323)	+5	Spiegel neu angesetzt wie bei I 1—9.
2	66	147	230	313	+12	67	150	232	317	+5	
3	65	148	232	316	+14	67	152	233	317	+5	
Mittel	**66**	**148**	**231**	**315**	—	**67**	**151**	**233**	**317**	—	
III 4	67	152	238	322	+0	64	148	230	313	+0	Spiegel wie bei III 1—9 **aber andere Meßfedern.**
5	68	153	238	322	+0	66	148	230	313	+0	
6	68	153	238	322	±0	65	147	230	313	−1	
Mittel	**68**	**153**	**238**	**322**	—	**65**	**148**	**230**	**313**	—	
III 7	69	154	237	321	±0	65	148	230	313	+0	Spiegelsitz gegen III 4—6 unverändert.
8	69	154	237	321	+0	67	149	231	314	+0	
9	69	154	237	321	±0	67	148	232	314	+0	
Mittel	**69**	**154**	**237**	**321**	—	**66**	**148**	**231**	**314**	—	
III 10	68	152	235	318	+0	65	148	230	312	+0	desgl.
11	68	152	236	319	−0	66	148	231	313	+0	
12	69	153	237	322	+0	66	149	231	313	−1	
Mittel	**68**	**152**	**236**	**320**	—	**66**	**148**	**231**	**313**	—	
III 13	70	154	237	323	±0	66	149	231	314	+0	desgl.
14	70	154	238	324	+0	66	150	232	314	±0	
15	70	154	238	324	+0	66	149	231	314	±0	
Mittel	**70**	**154**	**238**	**324**	—	**66**	**149**	**231**	**314**	—	
III 16	70	154	237	322	±0	66	148	231	313	+0	desgl.
III 17	70	154	235	321	+0						desgl.
18	69	153	235	321	+0						
19	69	153	235	321	+0						
Mittel	**69**	**153**	**235**	**321**	—						
III 20	70	153	238	325	+2						
21	70	152	238	324	+0						
22	72	155	241	325	+1						
Mittel	**71**	**153**	**239**	**325**	—						
III 23	69	153	236	325	+2						
24	68	152	235	323	+1						
25	69	153	236	323	+0						
26	70	154	237	324	±0						
Mittel	**69**	**153**	**236**	**324**	—						
III 27	69	152	235	323	+0						
28	69	152	235	325	+0						
29	69	152	235	324	+0						
Mittel	**69**	**152**	**235**	**324**	—						

Tabelle 2.

Einfluß der Nietlöcher auf die Dehnung.

Meßstrecken von Mitte bis Mitte Loch **ohne** Niet.

Meßlänge = 100 mm.

Reihe Nr.	Meßstrecke: Zeichen s. Fig. 3	Meßstrecke: gelegen	Gesamtdehnung in mm 10^{-4} bei den Belastungen in t: 5	10	15	20	bleibend bei 1 t	Bemerkungen
III 1			74	167	260	353	− 2	Apparate neu angesetzt.
2			74	168	262	355	± 0	Sitz der Apparate gegen III 1 unverändert.
3			76	170	264	356	± 0	
4			76	169	262	355	± 0	desgl.
5	e_1		77	169	263	357	+ 2	
6			75	168	263	356	± 0	
7			75	168	262	356	± 0	desgl.
8			76	169	264	356	± 0	
9			77	169	264	355	± 0	
Mittel			**76**	**169**	**263**	**356**	—	
I 1			(80)	(177)	(274)	(371)	+14	Belastung bis 25 t gesteigert. Reihe wegen + 14 Dehnungsrest (?) unbrauchbar.
2		Von	77	170	265	361	± 0	Sitz der Spiegelapparate gegen Reihe I 1 unverändert.
3		Mitte	76	170	265	361	± 0	
4			(70)	(163)	(243)	(347)	− 3	Apparate neu angesetzt. — Beobachtungen wegen schlechten Arbeitens der Apparate (negative Dehnungsreste) unbrauchbar.
5		bis	(73)	(163)	(255)	(345)	− 1	Apparate gegen Reihe I 4 unverändert.
6			(68)	(161)	(251)	(344)	− 5	
7		Mitte	75	168	261	356	− 1	Apparate neu angesetzt.
8		Loch.	73	166	259	355	+ 1	Apparate gegen I 7 unverändert.
9			75	167	260	356	− 1	
Mittel I	b_1		**75**	**168**	**262**	**358**	—	
III 20			74	166	260	353	± 0	Apparate neu angesetzt.
21			76	168	261	356	± 0	Apparate gegen III 20 unverändert.
22			76	168	262	356	± 0	
23			77	169	263	357	± 0	
24			76	170	263	358	± 0	
25			77	170	263	357	± 0	
26			77	169	263	357	± 0	
Mittel III			**76**	**169**	**262**	**356**	—	
Gesamtmittel			**76**	**169**	**262**	**357**	—	

Tabelle 3[3]).

Einfluß der Nietlöcher auf die Dehnung.

Meßstrecken mit Loch in der Mitte. Loch **ohne** Niet.

Reihe Nr.	Meßstrecken Zeichen s. Fig. 3	Meßstrecken gelegen	Gesamtdehnung in mm 10^{-4} bei den Belastungen in t: 5	10	15	20	bleibend bei 1 t	Bemerkungen
III 13	l_2	nach den Löchern mit Niet hin	75	166	259	352	±0	Apparate neu angesetzt.
14			75	167	260	353	±0	Sitz der Apparate gegen III 13 unverändert.
15			76	169	262	354	±0	
16			76	167	259	353	±0	
Mittel			**76**	**167**	**260**	**353**	—	
II 1	b_2	mittlerer Teil der Strecke mit 3 Löchern ohne Niet	77	172	266	361	±1	Apparate neu angesetzt.
2			77	170	266	360	±0	Sitz der Apparate gegen II 1 unverändert.
3			77	171	265	359	±0	
4			75	170	265	359	+3	Apparate neu angesetzt.
5			75	169	264	359	+2	Sitz der Apparate gegen II 4 unverändert.
6			75	169	264	359	+1	
7			75	168	263	358	±0	
8			75	170	264	358	+1	
9			77	171	265	360	±0	
Mittel II			**76**	**170**	**265**	**359**	—	
III 27			77	165	261	357	±0	Apparate neu angesetzt.
28			78	168	261	357	±0	Sitz der Apparate gegen III 27 unverändert.
29			79	171	262	357	±0	
Mittel III			**78**	**168**	**261**	**357**	—	
Gesamtmittel			**76**	**169**	**264**	**359**	—	
III 10	d_2	nach dem Stabende ohne Loch hin	74	164	259	349	±0	Apparate neu angesetzt.
11			76	166	259	353	±0	Sitz der Apparate gegen III 10 unverändert.
12			76	165	259	350	±0	
Mittel			**75**	**165**	**259**	**351**	—	

Tabelle

Dehnungen an den Stabrändern (Breitenschichten 1 und 4)

im Vergleich mit den Deh-

Meßlänge mm	Reihe Nr.	Gesamtdehnung in mm 10^{-4} bei den folgenden Belastungen in t: 5	10	15	20	bleibend	Reihe Nr.	Gesamtdehnung in mm 10^{-4} bei den folgenden Belastungen in t: 5	10	15	20	bleibend
	Breitenschicht			1						4		
130	1	(89)	(205)	(319)	(432)	+3	1	(95)	(208)	(323)	(437)	0
	2	88	202	316	430	+1	2	96	208	323	437	+1
	3	88	202	315	428	+2	3	94	207	322	436	−1
	4	87	201	314	427	±0	4	94	208	323	437	+1
	Mittel λ_{130}	**87,7**	**201,7**	**315,0**	**428,3**	—	Mittel λ_{130}	**94,7**	**207,7**	**322,7**	**436,7**	—
100	$\lambda_{100} =$	68,0	155,2	243,7	332,6	—	$\lambda_{100} =$	72,2	162,1	252,1	342,0	—
Unterschied[1])	$\Delta\lambda = \lambda_{100} - \lambda_{100}$	18,9	46,5	71,3	95,7	—	$\Delta\lambda = \Delta_{130} - \lambda_{100}$	22,5	45,6	70,6	94,7	—
	Dehnung des vollen Stabes auf 30 mm Meßlänge[2]) λ_{30}											
	Unterschied zwischen beobachteter und berechneter Dehnung $\Delta\lambda - \lambda_{30}$											

[1]) Diese Unterschiede $\Delta\lambda$ stellen die Dehnung des 30 mm langen Teiles der Meßlänge von 130 mm dar,
[2]) Mittelwerte nach Tabelle 12. [3]) Tabelle 4 s. S. 36.

Tabelle 5[3]).

Einfluß der Nietlöcher auf die Dehnung.

Meßstrecken mit Loch in der Mitte. Loch **mit** eingezogenem Niet.

Reihe Nr.	Meßstrecke: Zeichen s. Fig. 3	Meßstrecke: gelegen	Gesamtdehnung in mm 10^{-4} bei den Belastungen in t: 5	10	15	20	bleibend bei 1 t	Bemerkungen
III 13	f_2	nach den Löchern ohne Niet hin	68	157	246	334	±0	Apparate neu angesetzt.
14			69	158	247	335	±0	Sitz der Apparate gegen III 13 unverändert.
15			69	158	247	335	+0	
16			69	158	248	334	+0	
Mittel			**69**	**158**	**247**	**335**	—	
II 1	c_2	mittlerer Teil der Strecke mit 3 Löchern mit eingezogenem Niet	67	151	238	327	±0	Apparate neu angesetzt.
2			67	151	239	328	+1	Sitz der Apparate gegen II 1 unverändert.
3			67	151	239	327	+0	
4			68	152	240	328	+2	Apparate neu angesetzt.
5			67	152	239	326	+0	Sitz der Apparate gegen II 4 unverändert.
6			66	152	239	328	−2	
7			69	154	242	331	±0	
8			67	154	240	327	+1	
9			67	152	240	328	+0	
Mittel II			**67**	**152**	**239**	**328**	—	
III 27			67	153	240	328	+0	Apparate neu angesetzt.
28			67	152	239	327	+0	Apparate gegen III 27 unverändert.
29			67	153	239	327	+0	
Mittel III			**67**	**153**	**239**	**327**	—	
Gesamtmittel			**67**	**152**	**239**	**328**	—	
III 10	g_2	nach dem Stabende ohne Loch hin	66	153	238	323	±0	Apparat neu angesetzt.
11			65	153	238	324	±0	Sitz der Apparate gegen III 10 unverändert.
12			66	155	240	326	±0	
Mittel			**66**	**154**	**239**	**324**	—	

19.

und in Stabmitte (Breitenschicht 3) **auf 130 mm Meßlänge**

nungen auf 100 mm Meßlänge.

Meßlänge mm	Reihe Nr.	Gesamtdehnung in mm 10^{-4} bei den folgenden Belastungen in t: 5	10	15	20	bleibend	Reihe Nr.	Gesamtdehnung in mm 10^{-4} bei den folgenden Belastungen in t: 5	10	15	20	bleibend
		Mittel für 1 und 4						3				
130	1	—	—	—	—	—	1	90	202	316	430	+2
	2	92	205	320	434	+1	2	90	202	316	430	+2
	3	91	205	318	432	+0,5	3	89	201	314	428	+1
	4	91	204	318	432	+0,5	4	90	203	315	427	+0
	Mittel λ_{130}	**91,3**	**204,7**	**318,7**	**432,7**	—	Mittel λ_{130}	**89,8**	**202,0**	**315,2**	**428,8**	—
100	$\lambda_{100} =$	70,5	158,7	248,0	337,3	—	$\lambda_{100} =$	70,0	156,5	245,2	334,8	—
Unterschied[1])	$\Delta\lambda = \lambda_{130} - \lambda_{100}$	20,8	46,0	70,7	95,4	—	$\Delta\lambda = \lambda_{130} - \lambda_{100}$	19,8	45,5	70,0	94,0	—
	—	20,1	45,2	70,5	95,9	—	—	20,1	45,2	70,5	95,9	—
	—	+0,7	+0,8	+0,2	−0,5	—	—	−0,3	+0,3	−0,5	−1,9	—

der jenseits des Querschnittes $b \sim b$ (Fig. 7) nach dem Stabkopf zu gelegen war.

Tabelle 4.

Einfluß der Nietlöcher auf die Dehnung.

Meßstrecken von Mitte bis Mitte Loch **mit** eingezogenem Niet.

Reihe Nr.	Meßstrecke: Zeichen s. Fig. 3	Meßstrecke: gelegen	Gesamtdehnung in mm 10^{-4} bei den Belastungen in t: 5	10	15	20	bleibend bei 1 t	Bemerkungen
III 1			68	158	245	333	+ 3	Apparate neu angesetzt.
2			70	157	241	332	+ 1	Sitz der Apparate gegen III 1 unverändert.
3			69	157	240	333	+ 1	
4			66	152	240	328	± 0	desgl.
5	g_1		66	155	241	328	± 0	
6			66	155	241	329	± 0	
7			66	154	240	330	± 0	Apparate neu angesetzt.
8			67	154	241	330	± 0	Sitz der Apparate gegen III 7 unverändert.
9			67	154	241	330	± 0	
Mittel 4–9			**66**	**154**	**241**	**329**	—	
I 1		Von	(68)	(156)	(250)	(350)	+33	Belastung bis 25 t gesteigert. Reihe wegen +33 Dehnungsrest (?) unbrauchbar.
2		Mitte	68	154	240	330	± 0	Sitz der Spiegelapparate gegen Reihe I 1 unverändert.
3			68	154	241	331	± 0	
4		Loch	69	156	240	327	± 0	Apparate neu angesetzt.
5		bis	71	155	241	328	± 0	Apparate gegen I 4 unverändert.
6			71	156	241	328	± 0	
7		Mitte	69	155	241	327	± 0	desgl.
8			68	154	240	326	± 0	
9		Loch	68	153	239	325	± 0	
Mittel I	c_1		**69**	**155**	**240**	**328**	—	
III 20			68	156	241	330	+3	Apparate neu angesetzt.
21			68	155	241	330	−1	Apparate gegen III 20 unverändert.
22			74	158	242	333	+2	
23			69	153	244	330	+2	
24			70	157	243	329	±0	
25			73	159	245	331	+1	
26			72	158	244	330	±0	
Mittel III			**71**	**157**	**243**	**330**	—	
Gesamtmittel			**70**	**156**	**241**	**329**	—	

Tabelle 6.

Einfluß der Nietlöcher auf die Dehnung.

Reihe Nr.	Meßstrecke: Zeichen s. Fig. 3	Meßstrecke: gelegen	Gesamtdehnung in mm 10^{-4} bei den Belastungen in t: 5	10	15	20	bleibend
III 17		von Mitte	74	165	252	345	±0
18	f_1	Loch ohne Niet	74	165	252	345	±0
19		bis Mitte Loch	74	165	252	344	±0
Mittel		mit Niet	**74**	**165**	**252**	**345**	—
III 17		von Mitte Loch	71	162	251	343	±0
18	d_1	ohne Niet nach	71	161	251	342	±0
19		dem vollen	71	161	251	342	±0
Mittel		Stabende	**71**	**161**	**251**	**342**	—
III 17		von Mitte Loch	67	152	237	322	±0
18	h_1	mit Niet nach	67	152	237	322	±0
19		dem vollen	67	153	238	322	±0
Mittel		Stabende	**67**	**152**	**237**	**322**	—

Tabelle 7[1]).

Gegenüberstellung der Mittelwerte aus Reihe I bis III.

Meßstrecke: Zeichen s. Fig. 3	Meßstrecke: Lage	Dehnungen in Proz. 10^{-4} bei den Belastungen in t: 5	10	15	20
a_1	Volles Blech	69	153	237	322
a_2	Volles Blech	66	149	232	315
λ_y = Mittel	Volles Blech	**68**	**151**	**235**	**319**
b_1	von Mitte bis Mitte Loch — Stabteil mit Löchern ohne Niet	76	169	262	357
e_1	von Mitte bis Mitte Loch — Stabteil mit Löchern ohne Niet	76	169	263	356
Mittel	von Mitte bis Mitte Loch — Stabteil mit Löchern ohne Niet	**76**	**169**	**263**	**357**
b_2	mittleres Loch in der Mitte — Stabteil mit Löchern ohne Niet	76	169	264	359
d_2	nach dem Stabende gelegenes Loch in der Mitte — Stabteil mit Löchern ohne Niet	75	165	259	351
e_2	nach den Nieten hin gelegenes Loch in der Mitte — Stabteil mit Löchern ohne Niet	76	167	260	353
λ_x = Mittel für: $(b_1 + e_1 + b_2)\ ^1/_3$		**76**	**169**	**263**	**357**
g_1	von Mitte bis Mitte Loch — Stabteil mit Löchern mit Niet	66	154	241	329
c_1	von Mitte bis Mitte Loch — Stabteil mit Löchern mit Niet	70	156	241	329
Mittel	von Mitte bis Mitte Loch — Stabteil mit Löchern mit Niet	**68**	**155**	**241**	**329**
c_2	mittleres Loch in der Mitte — Stabteil mit Löchern mit Niet	67	152	239	328
g_2	nach dem Stabende gelegenes Loch in der Mitte — Stabteil mit Löchern mit Niet	66	154	239	324
f_2	nach den offenen Löchern gelegenes Loch in der Mitte — Stabteil mit Löchern mit Niet	69	158	247	335
λ_x' = Mittel für: $(g_1 + c_1 + c_2)\ ^1/_3$		**68**	**154**	**240**	**329**
f_1	von Mitte Loch ohne Niet bis Mitte Niet	74	165	252	345
d_1	von Mitte Loch ohne Niet nach dem vollen Stabende	71	161	251	342
h_1	von Mitte Loch mit Niet nach dem vollen Stabende	67	152	237	322

[1]) Tabelle 8—10 s. im Text.

Tabelle 11.

Dehnung der vollen Stabteile ohne Nietlöcher bei verschiedenen Stablagen.

I. Meßstrecke a_1 mit $l = 100$ mm hinter den offenen Nietlöchern.

Reihe Nr.	Lage des Bleches	Dehnungen in mm 10^{-4} bei den folgenden Belastungen in t				
		5	10	15	20	bleibend
V 1	flach, aufgenietete Platten nach oben	(70)	(158)	(240)	(325)	−2
2		(72)	(160)	(243)	(327)	+3
3		69	157	239	324	0
4		69	157	239	324	0
Mittel		**69**	**157**	**239**	**324**	—
VIII 1		(72)	(158)	(243)	(326)	+3
2		(72)	(156)	(242)	(326)	+2
3		70	155	240	323	+1
4		70	155	240	324	0
5		70	155	240	325	0
Mittel		**70**	**155**	**240**	**324**	—
VIII 6		68	155	239	322	+1
7		68	154	238	322	0
8		68	155	239	321	0
9		69	155	239	322	0
Mittel		**68**	**155**	**239**	**322**	—
VIII 10		69	155	239	322	+1
11		(68)	(154)	(239)	(322)	+2
12		68	154	238	321	−1
13		68	154	238	321	0
Mittel		**68**	**154**	**238**	**321**	—
VIII 14		69	153	237	322	−1
15		69	154	237	321	−1
16		69	154	237	321	−1
17		69	154	237	321	−1
18		69	154	238	322	+1
Mittel		**69**	**154**	**237**	**321**	—
VI 1	hochkant	(64)	(150)	(237)	(325)	−3
2		(71)	(155)	(240)	(325)	+2
3		70	154	239	323	0
4		(68)	(153)	(237)	(323)	−2
Mittel		**70**	**154**	**239**	**323**	—
VII 1		71	155	240	325	+1
2		70	155	240	325	+1
3		69	153	238	323	0
4		69	154	238	323	+1
Mittel		**70**	**154**	**239**	**324**	—
VII 5		70	154	239	324	+1
6		69	153	238	322	−1
7		70	154	239	323	0
8		70	155	239	324	+1
Mittel		**70**	**154**	**239**	**323**	—

Reihe Nr.	Lage des Bleches	Dehnungen in mm 10^{-4} bei den folgenden Belastungen in t				
		5	10	15	20	bleibend
IX 1		(67)	(152)	(236)	(318)	+3
2		68	152	235	320	+1
3		(68)	(152)	(235)	(320)	+2
4		67	—	234	320	+1
Mittel		**68**	**152**	**235**	**320**	—
IX 5		67	151	235	319	0
5		69	152	235	319	+1
7		68	152	235	319	0
8		68	151	235	319	0
Mittel		**68**	**152**	**235**	**319**	—
IX 50		(69)	(153)	(237)	(322)	+3
51		67	151	235	320	−1
52		68	151	235	320	+1
53		68	151	235	320	0
Mittel		**68**	**151**	**235**	**320**	—
X 1	flach, aufgenietete Platten nach unten	(67)	(153)	(237)	(321)	+2
2		65	151	235	319	−1
3		66	151	235	320	0
4		66	151	235	321	0
Mittel		**66**	**151**	**235**	**320**	—
X 5		(65)	(151)	(235)	(319)	−2
5		66	151	236	320	−1
7		67	152	237	322	0
8		67	151	235	320	−1
Mittel		**67**	**151**	**236**	**321**	—
X 9		67	151	235	319	+1
10		68	151	236	320	+1
11		68	152	235	319	+1
12		68	153	235	320	0
Mittel		**68**	**152**	**235**	**320**	—
X 13		66	150	234	318	−1
14		67	151	235	319	+1
15		66	150	234	318	0
16		67	150	234	318	0
Mittel		**67**	**150**	**234**	**318**	—
X 17		68	152	236	320	+1
18		68	152	235	320	+1
19		(66)	(149)	(233)	(318)	−2
20		68	151	235	320	0
Mittel		**68**	**152**	**235**	**320**	—

Tabelle 11.

Dehnung der vollen Stabteile ohne Nietlöcher bei verschiedenen Stablagen.

II. Meßstrecke a_2 mit $l = 100$ mm hinter den Löchern mit aufgenieteten Platten.

Reihe Nr.	Lage des Bleches	Dehnungen in mm 10^{-4} bei den folgenden Belastungen in t 5	10	15	20	bleibend
VIII 1	flach, aufgenietete Platten nach oben	(70)	(155)	(239)	(323)	+2
2		(71)	(155)	(237)	(322)	+2
3		69	153	235	320	0
4		69	153	235	320	0
5		69	153	235	320	0
Mittel		**69**	**153**	**235**	**320**	—
VIII 6		70	156	236	320	0
7		70	154	236	320	0
8		70	154	236	320	0
9		70	154	236	320	0
Mittel		**70**	**155**	**236**	**320**	—
VIII 10		71	154	238	321	0
11		71	154	238	321	0
12		71	154	238	321	0
13		71	154	238	321	0
Mittel		**71**	**154**	**238**	**321**	—
VIII 14		71	154	238	321	0
15		71	154	238	321	0
16		71	154	238	321	0
17		71	154	238	321	0
18		71	154	238	321	0
Mittel		**71**	**154**	**238**	**321**	—

Reihe Nr.	Lage des Bleches	Dehnungen in mm 10^{-4} bei den folgenden Belastungen in t 5	10	15	20	bleibend
IX 1	flach, aufgenietete Platten nach oben	67	151	236	320	+1
2		(68)	(152)	(237)	(322)	+2
3		66	151	235	320	0
4		(67)	—	(238)	(321)	+2
Mittel		**67**	**151**	**236**	**320**	—
IX 22		67	152	237	321	+1
23		66	151	236	320	0
24		66	151	236	320	0
25		66	151	236	320	0
Mittel		**66**	**151**	**236**	**320**	—
IX 50		67	149	233	318	−1
51		69	150	234	319	+1
52		68	149	233	318	0
53		68	149	233	318	0
Mittel		**68**	**149**	**233**	**318**	—

Tabelle 12.

Mittelwerte für die Dehnungen des vollen Stabes.

Meßstrecke s. Fig. 3.	Lage des Bleches		Dehnung in mm 10^{-4} auf 100 mm Länge bei den folgenden Belastungen in t 5	10	15	20
1. Aus den Beobachtungen Tab. 11.						
a_1	Flach, aufgenietete Platten	oben	69	155	239	322
		unten	67	151	235	320
	Hochkant		70	154	239	323
a_2	Flach, aufgenietete Platten	oben	70	154	237	321
		unten	67	150	235	319
2. Mittel aus den früheren Beobachtungen, s. Tab. 7.						
a_1	Flach, aufgenietete Platten	oben	69	153	237	322
a_2			66	149	232	315

Tabelle 13.

Mittlere Dehnung an den Rändern des Stabes bei verschiedenem Abstande der Endmarke der Meßlänge von Mitte Nietloch.

I. Hinter der Lochreihe 6 (Fig. 3) ohne Niet.

Meßlänge = 100 mm. Stab lag flach in der Maschine; die aufgenieteten Platten nach unten.

Reihe Nr.	Abstand A des Endes der Meßstrecke von Mitte Loch mm	Gesamtdehnung in mm 10^{-4} bei den Belastungen in t				
		5	10	15	20	bleibend
IX 1		(67)	(152)	(236)	(318)	+3
2		68	152	235	320	+0,5
3		(68)	(152)	(235)	(320)	+2
4		67	—	234	320	+1
Mittel		**68**	**152**	**235**	**320**	—
IX 5		67	151	235	319	±0
6		69	152	235	319	+0,5
7	150	68	152	235	319	±0
8		68	151	235	319	±0
Mittel		**68**	**152**	**235**	**319**	—
IX 50		(69)	(153)	(237)	(322)	+2,5
51		67	151	235	320	−0,5
52		68	151	235	320	+0,5
53		68	151	235	320	±0
Mittel		**68**	**151**	**235**	**320**	—
IX 9		(68)	(152)	(236)	(321)	+1,5
10		66	151	235	320	±0
11		66	151	235	319	−0,5
12		67	152	236	320	−0,5
Mittel	100	**66**	**151**	**235**	**320**	—
IX 71		65	149	234	319	±0
72		65	148	233	318	−1
73		66	149	234	319	±0
74		66	150	235	320	±0
Mittel		**66**	**149**	**234**	**319**	—
IX 67		63	149	235	320	±0
68		64	150	235	320	±0
69	90	65	151	237	321	+1
70		66	151	236	321	+1
Mittel		**65**	**150**	**236**	**321**	—
IX 63		66	154	238	321	±0
64		70	155	239	322	±0
65	80	71	154	238	321	±0
66		69	154	238	321	±0
Mittel		**69**	**154**	**238**	**321**	—
IX 58		68	154	239	323	±0
59		67	154	239	323	±0
60	70	68	155	239	323	±0
61		(63)	(148)	(234)	(318)	−5
62		68	153	240	324	±0
Mittel		**68**	**154**	**239**	**323**	—
IX 54		70	155	240	328	+1
55		70	155	241	327	±0
56	60	70	156	241	327	±0
57		70	156	241	327	±0
Mittel		**70**	**156**	**241**	**327**	—
IX 46		(68)	(153)	(240)	(326)	+3
47		66	151	237	323	+0,5
48	55	66	152	238	324	±0
49		66	151	238	324	±0
Mittel		**66**	**151**	**238**	**324**	—

Reihe Nr.	Abstand A des Endes der Meßstrecke von Mitte Loch mm	Gesamtdehnung in mm 10^{-4} bei den Belastungen in t				
		5	10	15	20	bleibend
IX 13		69	155	239	326	+1
14		68	154	238	325	−0,5
15	50	69	154	239	326	−0,5
16		69	154	239	326	±0
17		68	154	239	326	±0
Mittel		**69**	**154**	**239**	**326**	—
IX 42		70	156	242	330	+0,5
43		70	155	242	329	+0,5
44	47,5	69	155	242	329	±0
45		69	155	242	329	±0
Mittel		**70**	**155**	**242**	**329**	—
IX 30		71	158	244	333	−0,5
31		71	158	245	333	+0,5
32		70	157	244	331	±0
33		70	158	245	333	+1
Mittel		**71**	**158**	**245**	**333**	—
IX 34		(70)	(157)	(242)	(330)	−1,5
35		(70)	(156)	(242)	(328)	−3,5
36	45	(69)	(156)	(242)	(330)	−1,5
37		(69)	(156)	(242)	(330)	−2,0
Mittel		—	—	—	—	—
IX 38		71	157	245	331	+1
39		70	156	243	330	−0,5
40		70	156	244	330	+0,5
41		70	156	244	330	±0
Mittel		**70**	**156**	**244**	**330**	—
IX 26		70	157	244	332	±0
27		70	158	246	333	+0,5
28	40	70	158	245	332	−0,5
29		70	158	245	332	±0
Mittel		**70**	**158**	**245**	**332**	—
IX 22		71	159	247	338	−0,5
23		72	160	248	339	±0
24	30	72	160	248	338	±0
25		71	160	248	338	−0,5
Mittel		**72**	**160**	**248**	**338**	—
IX 18		73	162	—	340	+0,5
19		72	162	251	340	±0
20	20	71	160	251	340	±0
21		71	161	251	341	±0
Mittel		**72**	**161**	**251**	**340**	—
IX 75		(71)	(160)	(250)	(340)	+2
76		70	159	248	338	±0
77	0	70	159	248	337	±0
78		70	159	248	337	±0
Mittel		**70**	**159**	**248**	**337**	—

Tabelle 14 (Ergänzungsversuche).

Mittlere Dehnung an den Rändern des Stabes bei verschiedenem Abstande der Endmarke der Meßlänge von Mitte Nietloch.

Reihe Nr.	Meßstrecke Zeichen	Abstand A der Endmarke von Mitte Loch mm	Gesamtdehnung in mm 10^{-4} bei den Belastungen in t 5	10	15	20	bleibend
1	1 u. 4	5	72	160	250	340	±0
2			72	160	251	340	±0
3			72	161	250	340	±0
4			72	161	250	340	±0
Mittel			**72**	**161**	**250**	**340**	—
1	1 u. 4	10	73	162	253	343	±0
2			74	163	254	344	+1
3			73	162	253	343	+1
4			73	162	252	341	+0
Mittel			**73**	**162**	**253**	**343**	—
1	1 u. 4	15	73	163	253	343	+1
2			73	163	252	342	±0
3			73	163	252	343	±0
4			73	163	252	342	±0
Mittel			**73**	**163**	**252**	**342**	—
1	1 u. 4	55	(71)	(158)	(246)	(331)	+4
2			70	156	243	329	+1
3			69	155	242	328	+0
4			69	156	241	328	±0
Mittel			**69**	**156**	**242**	**328**	—
1	1 u. 4	60	69	154	242	328	+1
2			69	154	242	327	±0
3			69	154	242	227	+0
4			70	154	242	328	+1
Mittel			**69,3**	**154,0**	**242,0**	**327,5**	—
1	1 u. 4	60	69	156	241	328	±0
2			69	156	241	327	±0
3			69	156	241	327	+0
Mittel			**69,0**	**156,0**	**241,0**	**327,3**	—
1	1 u. 4	55	68	155	241	328	+1
2			69	156	242	329	±0
3			69	157	242	329	±0
4			70	157	242	330	+1
Mittel			**69,0**	**156,3**	**241,7**	**329,0**	—

Tabelle 15.

Mittlere Dehnung an den Rändern des Stabes bei verschiedenem Abstande der Endmarke der Meßstrecke von Mitte Nietloch.

II. Hinter der Lochreihe 1 (Fig. 3) mit aufgenieteten Platten.

Meßlänge = 10 cm. Stab lag flach in der Maschine; die aufgenieteten Platten nach unten.

Reihe Nr.	Abstand A des Endes der Meßstrecke von Mitte Loch mm	Gesamtdehnung in mm 10^{-4} bei den Belastungen in t 5	10	15	20	bleibend
IX 1		67	151	236	320	+1
2		(65)	(152)	(237)	(322)	+2
3		66	151	235	320	±0
4		(67)	—	(238)	(321)	+2
Mittel		**67**	**151**	**236**	**320**	—
IX 22		67	152	237	321	+1
23		66	151	236	320	+0
24	150	66	151	236	320	±0
25		66	151	236	320	+0
Mittel		**66**	**151**	**236**	**320**	—
IX 50		67	149	233	318	−1
51		69	150	234	319	+1
52		68	149	233	318	±0
53		68	149	233	318	±0
Mittel		**68**	**149**	**233**	**318**	—
IX 5		68	151	235	319	±0
6		68	151	235	319	±0
7		68	151	235	319	±0
8		68	151	235	319	+0
Mittel		**68**	**151**	**235**	**319**	—
IX 9		67	151	236	322	±0
10		68	151	236	322	±0
11		68	151	236	322	+0
12		68	151	236	322	+0
Mittel		**68**	**151**	**236**	**322**	—
IX 13		68	151	235	321	±0
14		69	151	235	321	+1
15	100	67	150	234	320	+0
16		67	150	234	320	+0
17		67	150	234	320	±0
Mittel		**68**	**150**	**234**	**320**	—
IX 18		67	151	236	320	+0
19		67	151	236	320	+0
20		67	153	236	320	+1
21		67	152	235	319	+0
Mittel		**67**	**152**	**236**	**320**	—
IX 71		66	148	232	318	+1
72		66	150	232	317	+0
73		66	148	232	317	+0
74		66	148	232	318	+0
Mittel		**66**	**149**	**232**	**318**	—
IX 67		67	149	235	318	+0
68		66	149	233	317	+0
69	90	66	149	234	317	+0
70		66	150	234	317	±0
Mittel		**66**	**149**	**234**	**317**	—
IX 63		67	150	233	318	+0
64		67	150	233	318	+0
65	80	67	150	233	318	+0
66		67	150	233	318	+0
Mittel		**67**	**150**	**233**	**318**	—

Reihe Nr.	Abstand A des Endes der Meßstrecke von Mitte Loch mm	Gesamtdehnung in mm 10^{-4} bei den Belastungen in t 5	10	15	20	bleibend
IX 58		(67)	(150)	(236)	(321)	+2
59		66	151	234	319	+0
60	70	67	150	236	319	+0
61		67	151	236	319	±0
62		67	151	236	319	+0
Mittel		**67**	**151**	**236**	**319**	—
IX 54		68	154	237	321	±0
55		67	152	234	320	±0
56	60	67	152	235	320	+0
57		67	152	235	320	+0
Mittel		**67**	**152**	**235**	**320**	—
IX 26		68	152	237	322	±0
27		69	154	238	323	+0
28	50	69	154	238	323	+0
29		69	154	238	323	+0
Mittel		**69**	**154**	**238**	**323**	—
IX 30		(68)	(153)	(238)	(323)	+2
31		68	153	237	323	+0
32	40	68	153	237	323	+0
33		68	153	237	323	+0
Mittel		**68**	**153**	**237**	**323**	—
IX 34		67	152	237	322	−1
35		(67)	(151)	(233)	(319)	−2
36	30	(65)	(149)	(232)	(318)	−2
37		65	149	235	319	+0
Mittel		**66**	**151**	**236**	**321**	—
IX 38		67	151	237	322	+0
39		67	151	236	322	+0
40	20	67	151	236	322	+0
41		67	151	236	322	+0
Mittel		**67**	**151**	**236**	**322**	—
IX 42		(68)	(153)	(241)	(327)	+2
43		68	152	239	325	+0
44	10	68	152	239	325	+0
45		68	152	239	325	+0
Mittel		**68**	**152**	**239**	**325**	—
IX 22		68	152	238	324	+0
23		68	153	238	324	−1
24		68	152	238	324	−1
25		67	153	238	324	+0
Mittel	0,0	**68**	**153**	**238**	**324**	—
IX 75		68	154	239	325	+0
76		68	154	239	325	+0
77		68	154	239	325	+0
78		68	154	239	325	+0
Mittel		**68**	**154**	**239**	**325**	—

Tabelle 16. Mittlere Dehnung an den Rändern des Stabes innerhalb des Teiles mit Nietlöchern.

Meßlänge = 100 mm.

Gemessen von Mitte bis Mitte Nietloch

Reihe Nr.	Zeichen der Meß-strecke (s. Fig. 3)	Gesamtdehnung in mm 10^{-4} bei den folgenden Belastungen in t: 5	10	15	20	blei-bend
IX 22	h_1	68	152	238	324	+0
23		68	153	238	324	−1
24		68	152	238	324	−1
25		67	153	238	324	+0
Mittel		**68**	**153**	**238**	**324**	—
IX 46		68	154	239	325	±0
47		68	154	239	325	±0
48		68	154	239	325	±0
49		68	154	239	325	±0
Mittel		**68**	**154**	**239**	**325**	—
IX 13	c_1	(71)	(158)	(246)	(334)	+5
14		69	155	243	330	+1
15		69	155	242	329	+1
16		68	154	241	328	−1
17		70	155	242	329	+1
Mittel		**69**	**155**	**242**	**329**	—
IX 5	g_1	71	162	254	345	+1
6		70	162	254	344	+0
7		71	162	254	344	±0
8		71	163	253	345	+0
Mittel		**71**	**162**	**254**	**345**	—
IX 26	f_1	(75)	(168)	(261)	(355)	+2
27		(75)	(168)	(261)	(355)	+2
28		73	167	260	353	−1
29		75	168	261	354	+1
Mittel		**74**	**168**	**261**	**354**	—
IX 34	e_1	75	168	261	354	±0
35		(75)	(167)	(260)	(352)	−4
36		76	168	260	353	−1
47		(74)	(167)	(259)	(353)	−2
Mittel		**76**	**168**	**261**	**354**	—
IX 42	b_1	74	165	259	353	+0
43		74	166	259	353	±0
44		74	166	259	353	+0
45		73	166	259	353	+0
Mittel		**74**	**166**	**259**	**353**	—
IX 50	d_1	(71)	(160)	(250)	(340)	+2
51		70	159	248	338	+0
52		70	159	248	337	+0
53		70	159	248	337	+0
Mittel		**70**	**159**	**248**	**337**	—

Gemessen mit Nietloch in Mitte der Meßlänge

Reihe Nr.	Zeichen der Meß-strecke (s. Fig. 3)	Gesamtdehnung in mm 10^{-4} bei den folgenden Belastungen in t: 5	10	15	20	blei-bend
IX 18	g_2	(67)	(154)	(239)	(326)	−2
19		68	155	241	328	+0
20		68	153	240	328	+1
21		66	152	239	327	−1
Mittel		**67**	**153**	**240**	**328**	—
IX 9	c_2	70	157	245	336	+1
10		70	158	247	335	+0
11		70	158	246	335	+0
12		70	158	247	336	+0
Mittel		**70**	**158**	**246**	**336**	—
IX 1	f_2	73	164	256	348	+1
2		73	164	257	348	+1
3		73	164	256	348	+1
4		72	—	256	348	+1
Mittel		**73**	**164**	**256**	**348**	—
IX 30	e_2	75	169	263	357	+1
31		75	168	263	356	+0
32		75	168	262	356	+0
33		75	168	262	356	+0
Mittel		**75**	**168**	**263**	**356**	—
IX 38	b_2	75	169	263	357	+1
39		74	168	261	354	−1
40		75	168	262	356	+0
41		75	169	262	355	+0
Mittel		**75**	**169**	**262**	**356**	—
IX 46	d_2	73	164	254	345	+0
47		73	164	254	345	+0
48		72	163	254	345	+0
49		72	163	254	345	+0
Mittel		**73**	**164**	**254**	**345**	—

Gemessen nach d. Entfern. d. beid. Niete d. Lochreihe 3 (s. Fig. 3)

Reihe Nr.	Zeichen der Meß-strecke (s. Fig. 3)	Gesamtdehnung in mm 10^{-4} bei den folgenden Belastungen in t: 5	10	15	20	blei-bend
X 17	c_1	(70)	(156)	(243)	(330)	+2
18		69	156	243	329	+1
19		68	155	242	328	+0
20		68	155	241	328	+0
Mittel		**68**	**155**	**242**	**328**	—
X 9	g_1	(72)	(163)	(254)	(346)	+3
10		70	162	253	344	+1
11		71	162	253	344	+1
12		71	163	254	344	+1
Mittel		**71**	**162**	**253**	**344**	—
X 5	f_1	(75)	(169)	(262)	(356)	+2
6		73	168	262	354	+0
7		73	168	262	354	+0
8		73	168	262	354	±0
Mittel		**73**	**168**	**262**	**354**	—
X 13	c_2	(71)	(158)	(247)	(337)	+3
14		69	157	246	334	+1
15		69	157	245	333	+0
16		69	157	245	333	±0
Mittel		**69**	**157**	**245**	**333**	—
X 1	f_2	(73)	(165)	(261)	(352)	+3
2		72	165	257	351	+1
3		74	165	258	350	+1
4		73	165	257	350	+1
Mittel		**73**	**165**	**257**	**350**	—

Ta

Dehnungen in verschiedenen Breitenschichten

Die Lage der Meßstellen s. Fig. 7, die Abstände in Millimetern von den Stab

Meßlänge = 100 mm; die eine Endmarke lag, von den Meßstellen 12 und 17 abgesehen, in dem mit der Mitte d

lag die eine Endmarke der M

Reihen-Zeichen	Gesamtdehnung in Proz. 10^{-4} bei den Belastungen in t				
	5	10	15	20	bleibend
	1 (0 *l*)				
a	(67)	(151)	(238)	(327)	−7
	68	154	244	333	0
	66	153	240	330	−2
	68	155	243	333	−1
c	68	155	243	332	+1
	66	151	240	329	−2
	67	154	242	332	−1
	68	155	243	331	0
d	72	159	248	337	0
	72	160	249	338	+1
	72	159	248	337	0
	71	159	247	336	0
f	69	153	243	331	+1
	68	154	242	330	−1
	69	154	242	330	0
e	(67)	(152)	(240)	(328)	−2
	(67)	(153)	(242)	(330)	−1
	(68)	(155)	(243)	(331)	0
Mittel	67,3	154,0	242,3	332,0	—
	67,2	153,8	242,0	331,0	—
	71,8	159,2	248,0	337,0	—
	68,7	153,7	242,3	330,3	—
	(67)	(153)	(242)	(330)	—
	68,8	**155,2**	**243,7**	**332,6**	—
	11 (10 *l*)				
d	70	158	246	336	+1
	71	157	245	334	+1
	71	156	245	334	−1
	71	157	245	335	+1
Mittel	**70,8**	**157,0**	**245,2**	**334,8**	—
	21 (9 *r*)				
n	70	161	249	337	+1
	69	160	248	336	0
	69	160	248	336	0
	71	160	247	336	0
Mittel	**69,8**	**160,2**	**248,0**	**336,2**	—

Reihen-Zeichen	Gesamtdehnung in Proz. 10^{-4} bei den Belastungen in t				
	5	10	15	20	bleibend
	4 (0 *r*)				
a	(72)	(161)	(250)	(339)	−1
	72	162	252	341	−1
	73	163	253	343	−1
	72	162	252	342	0
c	73	162	252	342	0
	72	162	252	342	0
	74	162	252	342	+2
	72	160	250	341	−1
d	70	160	250	340	0
	70	160	250	340	0
	70	161	250	341	+1
	70	160	250	340	0
f	75	166	256	345	+2
	73	164	254	344	0
	73	163	254	343	0
e	(75)	(171)	(266)	(362)	+1
	(75)	(171)	(267)	(362)	+1
	(75)	(171)	(266)	(362)	0
Mittel	72,3	162,3	252,3	342,0	—
	72,7	161,5	251,5	341,8	—
	70,0	160,3	250,0	340,2	—
	73,7	164,3	254,7	344,0	—
	(75)	(171)	(260)	(362)	—
	72,2	**162,1**	**252,1**	**342,0**	—
	7 (20 *l*)				
e	71	157	246	334	+2
	69	156	245	333	0
	70	157	245	333	0
Mittel	**70,0**	**156,7**	**245,3**	**333,3**	—
	20 (19 *r*)				
m	71	161	249	338	0
	72	161	249	338	0
	72	160	249	337	0
	72	160	249	338	0
Mittel	**71,8**	**160,5**	**249,0**	**337,8**	—

Reihen-Zeichen	Gesamtdehnung in Proz bei den Belastungen			
	5	10	15	20
	Mittel für 1 und 4 (0)			
a	(70)	(156)	(244)	(33
	70,0	158,0	248,0	337
	69,5	158,0	246,5	336
	70,0	158,5	247,5	337
c	70,5	158,5	247,5	337
	69,0	156,5	246,0	335
	70,5	158,0	247,0	337
	70,0	157,5	246,5	336
d	71,0	159,5	249,0	338
	71,0	160,0	249,5	339
	71,0	160,0	249,0	339
	70,5	159,5	248,5	338
f	72,0	159,5	249,5	338
	71,0	159,0	248,0	337
	71,0	158,5	248,0	336
e	(71)	(162)	(253)	(34
	(71)	(162)	(255)	(34
	(72)	(163)	(254)	(34
Mittel	69,8	158,2	247,3	337
	70.0	157,6	247,0	336
	70,9	159,8	249,0	338
	71,3	159,0	248,5	337
	(71)	(162)	(254)	(34
	70,5	**158,7**	**248,0**	**337**
	10 (30 *l*)			
k	70	156	245	33
	70	157	245	33
	71	157	246	33
	71	158	246	33
Mittel	**70,5**	**157,0**	**245,5**	**33**
	19 (29 *r*)			
b	(70)	(157)	(247)	(3
	68	156	246	3
	72	161	247	3
	72	160	248	3
Mittel	**70,7**	**159,0**	**247,0**	**33**
c	72	161	247	3
	71	160	246	3
	72	160	248	3
	71	160	247	3
Mittel	**71,5**	**160,2**	**247,0**	**33**
Gesamtmittel	**71,1**	**159,6**	**247,0**	**33**

n 1—21) bei den gleichen Belastungen (5—20 t).

ts = r, links = l) sind hinter den Nummern der Meßstellen in Klammern angegeben.
6, Fig. 3 zusammenfallenden Querschnitt $\acute{a} \backsim a$, die andere im vollen Stabteile. Bei den Meßstellen 12 und 17
m vom Lochrand entfernt.

n- en	Gesamtdehnung in Proz. 10^{-4} bei den Belastungen in t 5	10	15	20	bleibend
	2 (39 l)				
	71	159	249	339	0
	71	159	249	339	0
	70	159	249	339	0
	72	159	249	339	0
el	**71,0**	**159,0**	**249,0**	**339,0**	—
	18 (38 r)				
	(65)	(154)	(244)	(333)	−3
	(69)	(157)	(245)	(335)	−2
	68	159	248	336	−1
	69	159	248	336	0
el	**68,5**	**159,0**	**248,0**	**336,0**	—
	13 (67 l)				
	70	157	246	333	0
	70	158	245	332	+1
	69	157	245	332	0
	69	157	244	331	0
	69	157	245	332	+1
l	**69,4**	**157,2**	**245,0**	**332,0**	—
	8 (67 r)				
	71	160	249	337	0
	72	160	249	337	0
	71	160	248	338	+1
	71	159	249	337	0
l	**71,2**	**159,8**	**248,8**	**337,2**	—
	3 (115 = Stabmitte)				
	70	156	245	335	0
	70	157	245	334	−1
	70	157	246	335	0
	70	156	245	335	0
l	**70,0**	**156,5**	**245,2**	**334,8**	—

Reihen-Zeichen	Gesamtdehnung in Proz. 10^{-4} bei den Belastungen in t 5	10	15	20	bleibend
	12 (52 l = Lochmitte)				
g	55	122	192	260	0
	54	122	192	260	−1
	54	122	192	260	−1
	54	123	192	261	−1
Mittel	**54,2**	**122,2**	**192,0**	**260,2**	—
	17 (50 r = Lochmitte)				
l	56	123	193	262	−1
	56	125	195	262	0
	(55)	(121)	(192)	(261)	−3
	(55)	(121)	(191)	(260)	−3
Mittel	**55,3**	**124,0**	**194,0**	**262,0**	—
	14 (83 l)				
h	71	159	249	337	0
	70	159	248	337	0
	70	158	247	336	−1
	70	158	248	336	−1
Mittel	**70,2**	**158,5**	**248,0**	**336,5**	—
	6 (83 r)				
e	69	155	247	336	0
	70	156	247	336	+1
	70	155	246	335	+1
Mittel	**69,7**	**155,3**	**246,7**	**335,7**	—

Reihen-Zeichen	Gesamtdehnung in Proz. 10^{-4} bei den Belastungen in t 5	10	15	20	bleibend
	15 (99 l)				
m	70	157	245	333	0
	70	157	244	333	0
	70	157	244	333	0
	70	157	244	333	+1
Mittel	**70,0**	**157,0**	**244,2**	**333,0**	—
	9 (99 r)				
d	68	158	247	336	−1
	72	160	249	339	0
	71	160	249	339	0
Mittel	**70,3**	**159,3**	**248,3**	**338,0**	—
	5 (63 l)				
i	71	158	247	337	+1
	70	157	246	335	0
	70	157	247	336	0
	71	157	248	336	+1
Mittel	**70,5**	**157,2**	**247,0**	**336,0**	—
	16 (61 r)				
g	68	156	243	329	+1
	69	156	243	329	±0
	69	156	243	328	±0
	68	156	243	328	±0
Mittel	**68,5**	**156,0**	**243,0**	**328,5**	—
i	71	163	252	343	+2
	72	162	251	342	+1
	71	162	250	341	+1
	71	161	250	341	±0
	71	161	251	342	+1
Mittel	**71,2**	**161,8**	**250,8**	**341,8**	—
n	71	161	250	338	+1
	70	160	249	337	0
	70	159	249	337	0
	70	159	249	337	−1
Mittel	**70,2**	**159,8**	**249,2**	**337,2**	—
Gesamtmittel	**70,0**	**159,2**	**247,7**	**335,8**	—

Tabelle 17a.

Mittlere Dehnungen in den verschiedenen Breitenschichten.

Meßlänge $l = 100$ mm.

Die eine Endmarke lag, abgesehen von den Meßstellen 12 und 17, in dem mit der Mitte der letzten Nietlochreihe (Reihe 6, Fig. 3) zusammenfallenden Querschnitt, die andere im vollen Stabteil (siehe a, Fig. 7). Bei den Meßstellen 12 und 17 lag die eine Endmarke der Meßlänge 1,5 mm vom Lochrande, also 13 mm vom Querschnitt $a \sim a$ entfernt.

Breitenschicht	Abstand der Breitenschicht vom Stabrande mm	Lage der Breitenschicht zum Nietloch	Mittlere Gesamtdehnung in Proz. 10^{-4} bei den Belastungen in t: 5	10	15	20
1	am Rande gemessen	Zwischen Loch und Stabrand	68,8	155,2	243,7	332,6
4			72,2	162,1	252,1	342,0
Mittel			**70,5**	**158,7**	**248,0**	**337,3**
11	10		70,8	157,0	245,2	334,8
21	9		69,8	160,2	248,0	336,2
Mittel	9,5		**70,3**	**158,6**	**246,6**	**335,5**
7	20		70,0	156,7	245,3	333,3
20	19		71,8	160,5	249,0	337,8
Mittel	19,5		**70,9**	**158,6**	**247,2**	**335,6**
10	30		70,5	157,0	245,5	334,5
19	29		71,1	159,6	247,0	334,3
Mittel	29,5		**70,8**	**158,3**	**246,3**	**334,4**
2	39	neben dem Loch	71,0	159,0	249,0	339,0
18	38		68,5	159,0	248,0	336,0
Mittel	38,5		**69,8**	**159,0**	**248,5**	**337,5**
12	52	Lochmitte	54,2	122,2	192,0	260,2
17	50		55,3	124,0	194,0	262,0
Mittel	51		**54,8**	**123,1**	**193,0**	**261,1**

Breitenschicht	Abstand der Breitenschicht vom Stabrande mm	Lage der Breitenschicht zum Nietloch	Mittlere Gesamtdehnung in Proz. 10^{-4} bei den Belastungen in t: 5	10	15	20
5	63	neben dem Loch	70,5	157,2	247,0	336,0
16	61		70,0	159,2	247,7	335,8
Mittel	62		**70,3**	**158,2**	**247,4**	**335,9**
13	67	Zwischen den beiden Löchern	69,4	157,2	245,0	332,0
8	67		71,2	159,8	248,8	337,2
Mittel	67		**70,3**	**158,5**	**246,9**	**334,6**
14	83		70,2	158,5	248,0	336,5
6	83		69,7	155,3	246,7	335,7
Mittel	83		**70,0**	**156,9**	**247,4**	**336,1**
15	99		70,0	157,0	244,2	333,0
9	99		70,3	159,3	248,3	338,0
Mittel	99		**70,1**	**158,1**	**246,3**	**335,5**
3	Stabmitte		**70,0**	**156,5**	**245,2**	**334,8**

Tabelle 18[1]).

Dehnungen der Breitenschichten 12 und 17, hinter den Nietlöchern, bei verschiedenen Meßlängen.

Die eine Endmarke der Meßlängen lag stets 1,5 mm vom Lochrande entfernt (s. Fig. 9).

Breitenschicht	Meßlänge l mm	Reihe Nr.	Mittlere Gesamtdehnung in mm 10^{-4} bei den Belastungen in t: 5	10	15	20	bleibend	Bemerkungen
12	100	—	54,2	122,2	192,0	260,2	—	Werte entnommen aus Tab. 17a.
17			55,3	124,0	194,0	262,0	—	
Mittel			**54,8**	**123,1**	**193,0**	**261,1**	—	
12	90	1	49	111	172	237	±0	
		2	50	112	175	237	±0	
		3	50	112	175	239	+1	
		4	51	112	175	238	±0	
		Mittel	**50,0**	**111,7**	**174,3**	**237,8**	—	
17		1	48	108	170	232	±0	
		2	49	109	171	233	±0	
		3	48	110	171	232	±0	
		4	48	110	171	232	±0	
		Mittel	**48,3**	**109,3**	**170,8**	**232,3**	—	
12 u. 17		Gesamtmittel	**49,1**	**110,5**	**172,5**	**235,0**	—	
12	130	1	76	170	265	361	±0	
		2	75	169	263	357	−2	
		3	75	170	264	359	+1	
		4	75	170	263	357	±0	
		Mittel	**75,2**	**169,8**	**263,8**	**358,5**	—	
17		1	74	168	261	354	±0	
		2	74	168	262	356	±0	
		3	74	168	262	357	±0	
		4	75	169	263	357	±0	
		Mittel	**74,2**	**168.2**	**262,0**	**356,0**	—	
12 u. 17		Gesamtmittel	**74,7**	**169,0**	**262,9**	**357,3**	—	
Dehnungs-unterschiede	$\Delta\lambda_{10} = \lambda_{100} - \lambda_{90}$		5,7	12,6	20,5	26,1	—	
	$\Delta\lambda_{30} = \lambda_{130} - \lambda_{100}$		19,9	45,9	69,9	96,2	—	
Dehnung des vollen Stabes	auf $l = 100$ mm $= \delta$		67,0	150,5	235,0	319,5	—	Mittelwerte, die sich nach Tab. 12 für Flachlage des Stabes, aufgenietete Platten nach unten, ergaben (s. auch Text S. 9).
	auf $l = 10$ mm $= 0{,}1\,\delta$		6,7	15,1	23,5	32,0	—	
	auf $l = 30$ mm $= 0{,}3\,\delta$		20,1	45,2	70,5	95,9	—	
Unterschied der beobachteten Dehnung gegen die berechnete	$\Delta\lambda_{10} - 0{,}1\,\delta$		− 1,0	− 2,5	− 3,0	− 5,9	—	
	$\Delta\lambda_{30} - 0{,}3\,\delta$		− 0,2	+ 0,7	− 0,6	+ 0,3	—	

[1]) Tabelle 19 s. S. 34 und 35.

Tabelle 20. **Dehnungen der verschiedenen Breitenschichten (siehe Fig. 7) bei wachs**

Me

Breitenschicht 20

Abstand A des Endes der Meßstrecke von Mitte Loch mm	Reihe Nr.	Gesamtdehnung in Proz. 10^{-4} bei den Belastungen in t: 5	10	15	20	bleibend
0	1	(71)	(157)	(243)	(330)	(−6)
	2	(72)	(160)	(246)	(334)	(−3)
	3	73	161	247	335	−1
	4	(73)	(159)	(246)	(333)	(−2)
	5	(72)	(161)	(247)	(334)	(−2)
	Mittel	**73,6**	**161,0**	**247,0**	**335,0**	—
20	1	70	155	242	330	+1
	2	(70)	(147)	(231)	(314)	(−15)
	3	(67)	(154)	(239)	(322)	(−7)
	4	70	156	242	329	−1
	Mittel	**70,0**	**155,5**	**242,0**	**329,5**	—
	1	71	159	246	331	+1
	2	(70)	(159)	(246)	(329)	(−2)
	3	71	159	245	331	±0
	4	71	159	245	331	+1
	Mittel	**71,0**	**159,0**	**245,3**	**331,0**	—
	Gesamtmittel	**70,6**	**157,3**	**243,7**	**330,3**	—
40	1	(67)	(152)	(237)	(322)	(+3)
	2	68	154	237	322	±0
	3	68	155	237	323	+1
	4	68	155	238	324	±0
	5	(68)	(154)	(238)	(324)	(+3)
	Mittel	**68,0**	**154,7**	**237,3**	**323,0**	—
60	1	(71)	(156)	(242)	(326)	(+2)
	2	70	154	241	325	±0
	3	70	156	242	325	±0
	4	71	156	242	325	±0
	Mittel	**70,3**	**155,3**	**241,7**	**325,0**	—
80	1	67	154	239	321	±0
	2	(69)	(157)	(223)	(324)	(+2)
	3	(70)	(157)	(240)	(326)	(+3)
	4	67	153	237	321	±0
	Mittel	**67,0**	**153,5**	**238,0**	**321,0**	—
	1	(69)	(157)	(238)	(344)	(+19)
	2	68	154	237	322	±0
	3	69	154	237	322	±0
	Mittel	**68,5**	**154,0**	**237,0**	**322,0**	—
	Gesamtmittel	**67,8**	**153,8**	**237,5**	**321,5**	—
100	1	(67)	(150)	(233)	(316)	(+2)
	2	68	151	235	317	+1
	3	68	151	235	316	+1
	4	67	150	235	316	±0
	Mittel	**67,7**	**150,7**	**235,0**	**316,3**	—
120	1	69	154	237	319	±0
	2	69	153	236	319	±0
	3	69	153	236	318	±0
	4	68	153	237	320	−1
	Mittel	**68,8**	**153,3**	**236,5**	**319,0**	—

Breitenschicht 18

Abstand A des Endes der Meßstrecke von Mitte Loch mm	Reihe Nr.	Gesamtdehnung in Proz. 10^{-4} bei den Belastungen in t: 5	10	15	20	bleibend
0	1	(74)	(165)	(254)	(343)	(3)
	2	72	163	251	341	0
	3	72	163	252	341	0
	4	72	163	252	341	0
	Mittel	**72,0**	**163,0**	**251,7**	**341,0**	—
20	1	68	146	228	309	0
	2	(67)	(150)	(231)	(312)	(+3)
	3	67	149	230	310	+1
	4	67	149	230	310	+1
	Mittel	**67,3**	**148,0**	**229,3**	**309,7**	—
40	1	(70)	(154)	(237)	(319)	(+7)
	2	(68)	(151)	(233)	(314)	(+2)
	3	67	150	232	313	+1
	4	66	150	231	312	±0
	Mittel	**66,5**	**150,0**	**231,5**	**312,5**	—
60	1	(68)	154	238	321	(+2)
	2	(70)	155	238	322	(+2)
	3	68	154	237	320	+1
	Mittel	**68,0**	**154,0**	**237,0**	**320,0**	—
80	1	(71)	(159)	(244)	(32[illegible])	(+3)
	2	(71)	(157)	(243)	(329)	(+2)
	3	(71)	(156)	(243)	(328)	(+2)
	4	69	156	241	326	0
	Mittel	**69,0**	**156,0**	**241,0**	**326,0**	—
100	1	(72)	(159)	(245)	(331)	(+5)
	2	(70)	(156)	(244)	(329)	(+2)
	3	(71)	(156)	(242)	(317)	(−10)
	4	70	157	242	327	±0
	5	70	156	242	326	+0
	Mittel	**70,0**	**156,5**	**242,0**	**326,5**	—
120	1	(70)	(160)	(246)	(330)	(+8)
	2	69	154	239	323	±0
	3	69	154	239	323	+1
	4	69	153	239	323	±0
	Mittel	**69,0**	**153,7**	**239,0**	**323,0**	—

Breitenschicht 16

Abstand A des Endes der Meßstrecke von Mitte Loch mm	Reihe Nr.	Gesamtdehnung in Pr bei den Belastunge: 5	10	15	2
0	1	71	160	249	33
	2	72	161	250	33
	3	71	161	249	33
	Mittel	**71,3**	**160,7**	**249,3**	**337**
20	1	(66)	(149)	(231)	(31
	2	(67)	(149)	(230)	(31
	3	66	148	229	31
	4	(65)	(147)	(226)	(3
	Mittel	**66,0**	**148,0**	**229,0**	**31**
40	1	66	148	220	31
	2	(67)	(150)	(232)	(31
	3	(66)	(145)	(226)	(30
	4	(66)	(145)	(226)	(30
	Mittel	**66,0**	**148,0**	**230,0**	**311**
60	1	(69)	(155)	(240)	(32
	2	(68)	(154)	(238)	(3
	3	68	152	236	3
	4	68	153	238	32
	Mittel	**68,0**	**152,5**	**237,0**	**321**
80	1	(68)	(152)	(235)	(3
	2	66	151	234	3
	3	67	152	234	3
	4	68	152	234	3
	Mittel	**67,0**	**151,7**	**234,0**	**31**
100	1	68	152	236	3
	2	68	152	236	3
	3	68	152	236	3
	Mittel	**68,0**	**152,0**	**236,0**	**32**
120	1	67	152	237	3
	2	68	152	237	3
	3	67	152	236	3
	4	68	153	237	3
	Mittel	**67,5**	**152,3**	**236,8**	**32**

ande *A* des Endes der Meßstrecke von Mitte Nietlochreihe.

) mm.

Breitenschicht 3

Reihe Nr.	Gesamtdehnung in Proz. 10^{-4} bei den Belastungen in t: 5	10	15	20	bleibend
1	(73)	(163)	(253)	(343)	(+2)
2	71	161	251	344	+0
3	71	162	251	342	+1
4	70	161	250	340	+0
Mittel	**70,3**	**161,3**	**250,7**	**342,0**	—
1	70	160	230	339	+0
2	69	159	246	336	+1
3	66	156	245	335	+0
Mittel	**68,3**	**158,3**	**240,3**	**336,7**	—
1	(67)	(156)	(246)	—	—
2	69	158	247	335	-1
3	69	158	248	336	0
Mittel	**69,0**	**158,0**	**247,5**	**335,5**	—
Gesamtmittel	**68,6**	**158,2**	**243,2**	**336,1**	—
1	(70)	(158)	(245)	(334)	(+4)
2	69	155	242	331	+1
3	69	155	241	331	+0
4	69	155	242	331	+0
Mittel	**69,0**	**155,0**	**241,7**	**331,0**	—
1	68	153	239	324	-1
2	(68)	(155)	(241)	(325)	(+2)
3	69	153	238	322	±0
4	69	155	240	325	+1
Mittel	**68,7**	**153,7**	**239,0**	**323,7**	—
1	69	154	239	325	+1
2	67	152	238	324	±0
3	67	152	237	324	±0
4	67	152	237	324	±0
5	67	153	238	324	±0
Mittel	**67,4**	**152,6**	**237,8**	**324,2**	—
1	69	152	236	322	±0
2	68	153	237	323	+1
3	67	152	236	322	+0
4	(68)	(152)	(237)	(322)	(+2)
5	(68)	(152)	(238)	(323)	(+2)
Mittel	**68,0**	**152,3**	**236,3**	**322,3**	—
1	(64)	(144)	(225)	(307)	(+2)
2	(64)	(143)	(223)	(305)	(+2)
3	63	141	223	304	±0
4	63	141	223	304	±0
Mittel	**63,0**	**141,0**	**223,0**	**304,0**	—

Breitenschicht 17

Abstand *A* des Endes der Meßstrecke von Mitte Loch mm	Reihe Nr.	Gesamtdehnung in Proz. 10^{-4} bei den Belastungen in t: 5	10	15	20	bleibend
0	1	(56)	(127)	(196)	(265)	+4
	2	56	125	195	263	+1
	3	57	127	195	263	±0
	4	(58)	(127)	(196)	(264)	+2
	Mittel	**56,5**	**126,0**	**195,0**	**263,0**	—
20	1	(62)	(139)	(214)	(290)	+5
	2	60	136	211	286	±0
	3	(62)	(138)	(212)	(287)	+2
	4	61	137	211	286	±0
	Mittel	**60,5**	**136,5**	**211,0**	**286,0**	—
40	1	(67)	(151)	(234)	(315)	+5
	2	66	149	229	312	+1
	3	66	148	230	310	±0
	4	66	149	229	311	±0
	Mittel	**66,0**	**148,7**	**229,3**	**311,0**	—
60	1	(66)	(150)	(235)	(318)	+4
	2	67	151	232	315	+1
	3	67	149	231	314	+1
	4	67	150	233	314	±0
	Mittel	**67,0**	**150,0**	**232,0**	**314,3**	—
80	1	(71)	(155)	(241)	(327)	+6
	2	(70)	(156)	(240)	(325)	+4
	3	68	154	238	322	+1
	4	68	155	239	323	+1
	5	69	154	238	323	±0
	Mittel	**68,3**	**154,3**	**238,3**	**322,7**	—
100	1	(70)	(156)	(240)	(325)	+5
	2	(71)	(155)	(238)	(322)	+2
	3	70	154	237	321	+1
	4	69	153	237	320	±0
	Mittel	**69,5**	**153,5**	**237,0**	**320,5**	—
120	1	(68)	(152)	(236)	(318)	+2
	2	(69)	(152)	(235)	(318)	+2
	3	68	151	234	316	+1
	Mittel	**68,0**	**151,0**	**234,0**	**316,0**	—

Tab

Dehnungen der verschiedenen Breitenschichten (siehe Fig. 7) bei wachsendem Abstande A

Meß

Abstand A des Endes der Meßstrecke von Mitte Loch mm	Reihe Nr.	Breitenschicht 20: Gesamtdehnung in Proz. 10^{-4} bei den Belastungen in t: 5	10	15	20	bleibend
100	1	65	146	226	308	+1
	2	(66)	(145)	(226)	(308)	(+3)
	3	65	143	224	305	0
	4	(65)	(145)	(286)	(484)	(+80)
	Mittel	**65,0**	**144,5**	**225,0**	**306,5**	—
	1	69	149	231	314	0
	2	(69)	(124)	(208)	(290)	(−24)
	3	(67)	(141)	(224)	(306)	(−8)
	4	68	149	231	315	+1
	Mittel	**68,5**	**149,0**	**231,0**	**314,5**	—
	1	(68)	(150)	(232)	(316)	(+2)
	2	(68)	(152)	(233)	(317)	(+2)
	3	66	150	231	315	+1
	4	65	150	231	314	0
	5	66	150	232	316	0
	Mittel	**65,7**	**150,0**	**231,3**	**315,0**	—
	Gesamtmittel	**66,3**	**148,1**	**229,5**	**312,4**	—
140	1	(64)	(144)	(226)	(308)	(−3)
	2	67	147	229	312	±0
	3	67	147	229	312	+1
	4	66	146	228	311	+1
	5	65	145	226	310	±0
	Mittel	**66,3**	**146,3**	**228**	**311,3**	—

Abstand A des Endes der Meßstrecke von Mitte Loch mm	Reihe Nr.	Breitenschicht 18: Gesamtdehnung in Proz. 10^{-4} bei den Belastungen in t: 5	10	15	20	bleibend
30	1	64	144	222	304	+1
	2	64	144	222	303	+1
	3	63	145	222	302	+1
	4	(64)	(144)	(222)	(302)	(+2)
	Mittel	**63,7**	**144,3**	**222,0**	**303,0**	—
50	1	65	146	225	308	0
	2	66	146	226	308	0
	3	66	146	226	308	0
	4	66	146	226	308	0
	Mittel	**65,8**	**146,0**	**225,8**	**308,0**	**0**
	1	(66)	(148)	(229)	(313)	(+4)
	2	66	146	228	310	±0
	3	66	147	228	310	±0
	4	66	146	228	310	+1
	5	66	145	228	309	±0
	Mittel	**66,0**	**146,0**	**228,0**	**309,8**	—
	Gesamtmittel	**65,9**	**146,0**	**226,9**	**308,9**	—
70	1	(68)	(148)	(231)	(314)	(+2)
	2	68	148	230	312	+1
	3	66	147	229	311	+1
	4	66	146	229	311	0
	5	66	146	229	312	0
	Mittel	**66,5**	**146,8**	**229,2**	**311,5**	—
90	1	(68)	(151)	(236)	(320)	(+3)
	2	67	151	235	318	+1
	3	67	150	233	317	0
	4	68	150	234	318	0
	5	68	152	234	318	0
	Mittel	**67,5**	**150,8**	**234,0**	**317,8**	—
140	1	(67)	(149)	(233)	(318)	(+2)
	2	66	149	231	315	+1
	3	(65)	(148)	(229)	(313)	(−2)
	4	66	149	230	314	−1
	Mittel	**66,0**	**149,0**	**230,5**	**314,5**	—

Abstand A des Endes der Meßstrecke von Mitte Loch mm	Reihe Nr.	Breitenschicht 16: Gesamtdehnung in Proz bei den Belastungen: 5	10	15	20
30	1	(64)	(143)	(221)	(302)
	2	63	142	221	300
	3	61	142	222	301
	4	62	142	222	302
	5	62	142	222	302
	Mittel	**62,0**	**142,0**	**221,8**	**301,3**
50	1	66	146	229	311
	2	66	146	229	312
	3	66	146	228	311
	4	66	146	229	311
	Mittel	**66,0**	**146,0**	**228,8**	**311,**
70	1	(66)	(147)	(229)	(312)
	2	68	148	230	314
	3	(68)	(149)	(232)	(318)
	4	(67)	(147)	(228)	(315)
	Mittel	**68,0**	**148,0**	**230,0**	**314,**
	1	(67)	(140)	(213)	(274
	2	(66)	(150)	(221)	(304
	3	64	147	231	316
	4	66	150	233	316
	Mittel	**65,0**	**148,5**	**232,0**	**316,**
	Gesamtmittel	**66,0**	**148,5**	**231,3**	**315,**
90	1	65	149	232	314
	2	66	148	230	314
	3	66	147	231	314
	4	67	148	231	314
	Mittel	**66,0**	**148,0**	**231,0**	**314,**
140	1	69	149	232	315
	2	66	148	231	315
	3	67	149	231	316
	4	68	149	232	316
	Mittel	**67,5**	**148,8**	**231,5**	**315,**

der Meßstrecke von Mitte Nietlochreihe. (Querschnitt $a \sim a$.)

cm.

Breitenschicht 3					
Reihe	Gesamtdehnung in Proz. 10^{-4} bei den Belastungen in t				
Nr.	5	10	15	20	bleibend
1	69	154	242	329	±0
2	70	155	242	330	+1
3	71	154	241	329	±0
4	71	154	241	329	±0
Mittel	**70,3**	**154,3**	**241,5**	**329,3**	—
1	(67)	(155)	(241)	(328)	(+2)
2	68	155	240	328	+1
3	68	155	241	327	±0
4	68	155	241	328	+1
5	68	155	240	327	±0
Mittel	**68,0**	**155,0**	**240,5**	**327,5**	—
1	68	150	234	318	+1
2	(67)	(150)	(233)	(318)	(+2)
3	65	148	233	316	−1
4	66	149	234	317	+1
Mittel	**66,3**	**149,0**	**233,7**	**317,0**	—
1	66	150	233	317	+1
2	66	150	232	317	−1
3	67	151	233	318	+1
4	67	150	233	317	−1
Mittel	**66,5**	**150,3**	**232,8**	**317,3**	—
Gesamtmittel	**66,4**	**149,7**	**233,1**	**317,1**	—
1	67	151	234	319	+1
2	67	150	234	318	−1
3	67	151	235	318	+1
4	66	150	234	317	−1
5	67	150	235	318	+1
Mittel	**66,8**	**150,4**	**234,4**	**318,0**	—
1	68	148	232	315	+1
2	67	148	231	315	−1
3	67	149	232	316	+1
4	66	149	231	315	+1
Mittel	**67,0**	**148,5**	**231,5**	**315,3**	—
1	66	150	235	321	0
2	68	150	236	320	−1
3	69	152	237	318	±0
4	67	152	235	320	±0
Mittel	**67,5**	**151,0**	**235,8**	**319,8**	—
1	68	152	235	319	+1
2	65	151	234	318	±0
3	67	152	235	318	±0
4	67	152	235	320	+1
Mittel	**66,8**	**151,8**	**234,8**	**318,8**	—
Gesamtmittel	**67,1**	**151,4**	**235,3**	**319,3**	—

Abstand *A* des Endes der Meßstrecke von Mitte Loch	Breitenschicht 17					
	Reihe	Gesamtdehnung in Proz. 10^{-4} bei den Belastungen in t				
mm	Nr.	5	10	15	20	bleibend
50	1	64	145	226	307	+1
	2	(64)	(146)	(225)	(308)	+2
	3	63	144	225	306	±0
	4	63	145	225	306	±0
	5	63	144	225	306	±0
	Mittel	**63,3**	**144,5**	**225,3**	**306,3**	—
70	1	(68)	(150)	(231)	(295)	+5
	2	(67)	(150)	(231)	(315)	+3
	3	(67)	(148)	(229)	(313)	+2
	4	66	147	228	311	+1
	5	66	148	227	311	+1
	Mittel	**66,0**	**148,5**	**227,5**	**311,0**	—
	1	65	147	227	310	±0
	2	65	147	227	312	±0
	Mittel	**65,0**	**147,0**	**227,0**	**311,5**	—
	Gesamtmittel	**65,5**	**147,3**	**227,3**	**311,3**	—
140	1	(67)	(157)	(241)	(325)	+8
	2	66	149	233	317	−1
	3	66	150	234	318	±0
	4	66	150	233	318	±0
	5	66	150	234	318	±0
	Mittel	**66,0**	**149,8**	**233,5**	**317,8**	—

Tabelle 22. **Dehnungen der verschiedenen Breitenschichten (s. Fig. 7) bei wachsendem Abstande A.**

Abstand A rechnet bei den Breitenschichten 2,18 und 5,16 von Mitte Nietlochreihe, bei den Breitenschichten 12,17 von einer Marke aus, die 1,5 mm vom Lochrande entfernt war. Meßlänge l = 100 mm.

Abstand A	Reihe	Breitenschicht	Dehnung in Proz. 10^{-4} bei den Belastungen in t				
mm	Nr.	Nr.	5	10	15	20	bleibend
30	1	2	66	147	228	311	+1
	2		65	146	227	309	±0
	3		65	146	226	309	−1
	4		66	146	227	310	±0
	Mittel		**65,5**	**146,2**	**227,0**	**309,8**	
	1	18	66	151	234	319	+1
	2		66	150	233	318	2
	3		67	151	235	320	0
	4		67	152	235	320	+1
	Mittel		**66,5**	**151,0**	**234,2**	**319,2**	
	Gesamtmittel		**66,0**	**148,6**	**230,6**	**314,5**	
60	1	2	68	152	236	320	+1
	2		68	151	235	319	±0
	3		68	152	236	320	±0
	4		68	153	236	320	±0
	Mittel		**68,0**	**152,0**	**235,8**	**319,8**	
	1	18	68	156	243	331	0
	2		68	156	243	331	−1
	3		70	158	245	333	+1
	4		69	157	245	332	0
	Mittel		**68,8**	**156,8**	**244,0**	**331,8**	
	Gesamtmittel		**68,4**	**154,4**	**239,9**	**325,8**	
90	1	2	69	154	241	327	+2
	2		67	153	239	325	±2
	3		67	152	238	325	2
	4		69	154	240	326	+1
	Mittel		**68,0**	**153,2**	**239,5**	**325,8**	
	1	18	69	157	248	334	0
	2		69	157	245	334	0
	3		70	158	245	335	0
	4		70	158	245	334	0
	Mittel		**69,5**	**157,5**	**245,8**	**331,2**	
	Gesamtmittel		**68,8**	**155,4**	**242,6**	**330,0**	
120	1	2	68	145	241	327	+1
	2		70	156	241	327	+1
	3		69	155	240	327	+1
	4		68	154	240	327	+1
	Mittel		**68,8**	**154,8**	**240,5**	**327,0**	
	1	18	69	157	245	333	0
	2		70	159	246	334	0
	3		70	158	245	334	0
	4		70	158	245	334	0
	Mittel		**69,8**	**158,0**	**245,2**	**333,8**	
	Gesamtmittel		**68,3**	**156,4**	**242,9**	**330,4**	

Abstand A	Reihe	Breitenschicht	Dehnung in Proz. 10^{-4} bei den Belastungen in t				
mm	Nr.	Nr.	5	10	15	20	bleibend
20	1	5	64	146	228	310	−1
	2		64	147	229	311	−1
	3		65	148	229	312	±0
	4		65	149	229	311	±0
	Mittel		**64,5**	**147,5**	**228,8**	**311,0**	
	1	16	66	150	233	317	±0
	2		68	151	234	317	+1
	3		68	150	234	317	+1
	4		66	149	232	315	+1
	Mittel		**67,0**	**150,0**	**233,2**	**316,5**	
	Gesamtmittel		**65,7**	**148,8**	**231,0**	**313,8**	
50	1	5	66	151	235	318	−1
	2		68	151	235	319	±0
	3		67	150	235	319	±0
	4		67	150	234	319	±0
	Mittel		**67,0**	**150,5**	**231,8**	**318,8**	
	1	16	67	154	240	326	±0
	2		68	154	239	325	±0
	3		68	155	240	327	±0
	4		68	155	239	326	±0
	Mittel		**67,8**	**154,5**	**239,5**	**326,0**	
	Gesamtmittel		**67,4**	**152,5**	**237,2**	**322,4**	
80	1	5	68	153	237	323	+1
	2		69	151	235	322	±0
	3		68	152	237	322	±0
	4		69	154	236	324	+1
	Mittel		**68,5**	**152,5**	**236,2**	**322,8**	
	1	16	71	158	245	333	+1
	2		70	157	245	331	±0
	3		70	157	245	331	±0
	4		70	158	245	330	±0
	Mittel		**70,2**	**157,5**	**245,0**	**331,2**	
	Gesamtmittel		**69,4**	**155,0**	**240,6**	**327,0**	
100	1	5	68	151	238	322	0
	2		69	153	238	323	+1
	3		67	152	235	321	−1
	4		67	153	236	322	+1
	Mittel		**67,8**	**152,2**	**236,8**	**322,0**	
	1	16	70	158	249	336	±0
	2		70	159	248	336	±0
	3		71	158	248	337	+1
	4		70	158	247	337	±0
	Mittel		**70,2**	**158,2**	**248,0**	**336,5**	
	Gesamtmittel		**69,0**	**155,2**	**242,4**	**329,2**	

Abstand A	Reihe	Breitenschicht	Dehnung in Proz. 10^{-4} bei den Belastungen in t				
mm	Nr.	Nr.	5	10	15	20	bleibend
20	1	12	59	133	209	286	−2
	3		61	135	209	286	−1
	4		60	136	211	286	±0
	5		60	135	211	288	−1
	Mittel		**60,0**	**134,8**	**210,0**	**286,5**	
	2	17	60	135	212	289	−1
	3		61	136	213	289	±0
	4		60	136	213	289	±0
	5		60	136	212	289	±0
	Mittel		**60,2**	**135,8**	**212,5**	**289,0**	
	Gesamtmittel		**60,1**	**135,3**	**211,2**	**287,7**	
50	1	12	66	147	230	312	+1
	2		65	147	229	312	−1
	3		66	148	230	312	+1
	4		64	146	229	311	−1
	Mittel		**65,2**	**147,0**	**229,5**	**311,8**	
	1	17	66	153	238	324	−1
	2		68	153	249	324	+1
	3		68	152	238	322	±0
	4		68	152	239	322	±0
	Mittel		**67,5**	**152,5**	**238,8**	**323,0**	
	Gesamtmittel		**66,4**	**149,7**	**234,1**	**317,4**	
80	2	12	67	151	235	319	+0
	3		67	151	235	319	+1
	4		66	151	234	319	−1
	5		67	150	235	319	±0
	Mittel		**66,8**	**150,8**	**234,8**	**319,0**	
	2	17	68	155	242	327	+1
	3		68	155	241	327	±0
	4		67	154	241	327	±0
	5		67	153	241	326	±0
	Mittel		**67,5**	**154,2**	**241,2**	**326,8**	
	Gesamtmittel		**67,1**	**152,5**	**238,0**	**322,9**	
100	5	12	69	153	237	323	±0
	6		69	153	237	323	±0
	7		68	153	236	322	±0
	8		69	153	238	322	±0
	Mittel		**68,8**	**153,0**	**237,0**	**322,5**	
	5	17	71	159	248	337	−1
	6		72	158	248	337	−1
	7		71	159	249	336	±0
	8		70	158	248	336	±0
	Mittel		**71,0**	**158,5**	**248,2**	**336,5**	
	Gesamtmittel		**69,9**	**155,7**	**212,6**	**329,5**	

Tabelle 23.

Gleichzeitig beobachtete Dehnungen der Breitenschichten 1 und 4 bei verschiedenen Abständen A des Endes der Meßstrecke von Mitte Nietlochreihe (Querschnitt $a \sim a$ Fig. 7).

Meßlänge $l = 100$ mm.

Breitenschicht	Abstand A in cm von Mitte Nietloch	Reihe Nr.	Mittlere Gesamtdehnung in Proz. 10^{-4} bei den Belastungen in t: 5	10	15	20	bleibend
1	0	1	(70)	(160)	(246)	(338)	-3
		2	75	161	250	339	±0
		3	75	161	251	340	±0
		4	76	161	251	340	±0
		5	75	161	251	340	±0
		6	73	161	250	340	±0
		7	73	161	250	340	±0
		8	72	160	250	340	±0
		9	72	160	250	340	±0
		Mittel	**73,9**	**160,8**	**250,4**	**340,0**	—
4		1	(65)	(152)	(243)	(332)	+3
		2	61	151	240	330	±0
		3	62	151	240	331	±0
		4	61	151	240	331	±0
		5	62	151	241	330	±0
		6	66	155	242	332	±0
		7	66	154	242	332	±0
		8	66	155	242	332	±0
		9	67	154	242	331	±0
		Mittel	**63,9**	**152,8**	**241,1**	**331,1**	—
1 u. 4		Gesamtmittel	**68,9**	**156,8**	**245,7**	**335,6**	—
1	2	1	73	166	259	350	±0
		2	73	167	259	350	±0
		3	74	167	260	351	+1
		Mittel	**73,3**	**166,7**	**259,3**	**350,3**	—
4		1	69	155	243	332	±0
		2	69	155	243	332	±0
		3	69	155	243	332	±0
		Mittel	**69,0**	**155,0**	**243,0**	**332,0**	—
1 u. 4		Gesamtmittel	**71,2**	**160,9**	**251,2**	**341,2**	—
1	4	1	(72)	(164)	(255)	(345)	+3
		2	72	162	251	342	±0
		3	(74)	(165)	(255)	(346)	+3
		4	72	162	253	343	±0
		5	73	163	253	343	±0
		6	72	162	253	343	-1
		7	73	163	253	344	±0
		8	73	164	254	343	±0
		9	74	164	254	344	-1
		Mittel	**72,7**	**162,7**	**253,0**	**343,0**	—
4		1	68	154	240	326	±0
		2	68	154	241	326	±0
		3	68	154	240	326	-1
		4	69	155	240	327	±0
		5	69	155	241	327	±0
		6	69	154	240	327	±0
		7	69	154	240	327	±0
		8	69	154	240	327	±0
		9	69	154	240	327	+1
		Mittel	**68,7**	**154,2**	**240,2**	**326,7**	—
1 u. 4		Gesamtmittel	**70,7**	**158,5**	**246,6**	**334,9**	—
1	6	1	70	158	245	334	+2
		2	70	157	243	332	+1
		3	69	157	244	332	±0
		4	69	158	244	332	+1
		5	69	157	244	332	±0
		Mittel	**69,4**	**157,4**	**244,0**	**332,4**	—
4		1	66	150	235	318	-1
		2	68	150	236	319	±0
		3	68	151	236	318	±0
		4	68	150	236	319	±0
		5	68	152	236	320	±0
		Mittel	**67,8**	**150,6**	**235,8**	**318,8**	—
1 u. 4		Gesamtmittel	**68,6**	**154,0**	**239,9**	**325,6**	—
1	8	1	69	156	240	327	±0
		2	69	156	241	328	±0
		3	69	156	241	327	±0
		4	69	156	241	327	±0
		Mittel	**69,0**	**156,0**	**240,8**	**327,2**	—
4		1	64	145	229	315	-1
		2	66	147	230	316	+1
		3	65	146	229	315	-1
		4	65	146	230	316	±0
		Mittel	**65,0**	**146,0**	**229,5**	**315,5**	—
1 u. 4		Gesamtmittel	**67,0**	**151,0**	**235,2**	**321,4**	—
1	10	1	66	150	237	321	-2
		2	69	153	238	322	-1
		3	70	154	239	324	+1
		4	69	153	238	323	±0
		5	69	153	238	323	+1
		6	70	153	238	323	+2
		7	69	151	236	321	±0
		8	69	151	236	321	±0
		9	69	151	236	321	±0
		10	69	151	236	321	±0
		Mittel	**68,9**	**152,0**	**237,2**	**322,0**	—
4		1	68	152	236	321	+2
		2	66	149	235	319	±0
		3	66	150	236	320	±0
		4	66	150	236	320	±0
		5	66	150	236	320	-1
		6	(62)	(146)	(230)	(316)	-2
		7	64	148	232	318	±0
		8	65	149	233	318	±0
		9	65	149	233	319	±0
		10	65	149	233	319	±0
		Mittel	**65,7**	**149,6**	**234,4**	**319,3**	—
1 u. 5		Gesamtmittel	**67,3**	**150,8**	**235,8**	**320,7**	—
1	12	1	66	147	233	317	+2
		2	65	146	231	316	-2
		3	67	150	234	318	+2
		4	65	149	233	318	±0
		5	65	149	233	318	+1
		Mittel	**65,6**	**148,2**	**232,8**	**317,4**	—
4		1	65	151	234	320	±0
		2	67	151	234	320	±0
		3	66	151	234	320	±0
		4	67	152	235	320	±0
		5	67	152	235	320	±0
		Mittel	**66,4**	**151,4**	**234,4**	**320,0**	—
1 u. 4		Gesamtmittel	**66,0**	**149,8**	**233,6**	**318,7**	—

Tabelle 24.

Gleichzeitig beobachtete Dehnungen der Breitenschichten 11 und 21 bei verschiedenen Abständen A des Endes der Meßstrecke von Mitte Nietlochreihe (Querschnitt $a \sim a$ Fig. 7).

Meßlänge $l = 100$ cm.

Breitenschicht	Abstand A in cm von Mitte Nietloch	Reihe Nr.	Mittlere Gesamtdehnung in Proz. 10^{-4} bei den Belastungen in t: 5	10	15	20	bleibend
11	1	1	72	156	244	332	+1
		2	72	155	243	332	+1
		3	70	154	242	330	±0
		4	69	154	242	330	+0
		5	69	154	242	330	+0
		Mittel	**70,4**	**154,6**	**242,6**	**330,8**	—
21		1	73	167	256	346	+0
		2	(77)	(168)	(258)	(347)	+3
		3	74	166	255	345	±0
		4	74	165	255	345	±0
		5	74	165	255	345	±0
		Mittel	**73,8**	**165,8**	**255,2**	**345,3**	—
11 u. 21		Gesamtmittel	**72,1**	**160,2**	**248,9**	**338,1**	—
11	4	1	(69)	(153)	(239)	(327)	+2
		2	(66)	(150)	(236)	(322)	−2
		3	67	151	237	322	+1
		4	65	150	235	321	−1
		5	—	—	—	—	—
		Mittel	**66,0**	**150,5**	**236,0**	**321,5**	—
21		1	(71)	(161)	(247)	(335)	+2
		2	71	159	246	334	+0
		3	71	159	246	333	+0
		4	71	159	247	334	−1
		5	70	159	248	334	+0
		Mittel	**70,8**	**159,0**	**246,8**	**333,8**	—
11 u. 21		Gesamtmittel	**68,4**	**154,8**	**241,4**	**327,7**	—
11	6	1	68	152	237	324	+1
		2	67	151	235	322	−1
		3	67	151	235	320	−1
		4	67	151	234	321	±0
		5	67	151	234	320	±0
		Mittel	**67,2**	**151,2**	**235,0**	**321,4**	—
21		1	69	155	241	327	+1
		2	69	154	242	326	−1
		3	70	157	243	329	+1
		4	71	157	242	328	+1
		5	70	156	241	328	+0
		Mittel	**69,8**	**155,8**	**241,8**	**327,6**	—
11 u. 21		Gesamtmittel	**68,5**	**153,5**	**238,4**	**324,5**	—
11	10	1	69	155	240	327	+0
		2	69	155	240	327	+0
		3	69	155	240	327	+0
		4	69	154	240	325	+0
		5	69	154	238	325	−1
		Mittel	**69,0**	**154,6**	**239,6**	**326,2**	—
21		1	(65)	(147)	(230)	(315)	−1
		2	68	149	232	318	+0
		3	68	151	233	319	+0
		4	68	152	233	319	+0
		5	(68)	(152)	(233)	(320)	+2
		Mittel	**68,0**	**150,7**	**232,7**	**318,7**	—
11 u. 21		Gesamtmittel	**68,5**	**152,7**	**236,1**	**322,5**	—
11	12	1	70	155	240	325	+0
		2	67	152	238	324	−1
		3	68	153	238	324	±0
		4	67	152	238	324	−1
		—	—	—	—	—	—
		Mittel	**68,0**	**153,0**	**238,5**	**324,2**	—
21		1	66	147	229	312	+0
		2	65	147	229	312	+0
		3	66	147	229	311	+0
		4	65	146	230	314	+1
		—	—	—	—	—	—
		Mittel	**65,5**	**146,8**	**229,2**	**312,2**	—
11 u. 21		Gesamtmittel	**66,8**	**149,9**	**233,9**	**318,2**	—

Tabelle 25.

Dehnung der Breitenschicht 7 bei verschiedenen Abständen A des Endes der Meßstrecke von Mitte Nietlochreihe (Querschnitt $a \sim a$ Fig. 7).

Meßlänge l = 100 cm.

Breitenschicht	Abstand A in cm von Mitte Nietloch	Reihe Nr.	Mittlere Gesamtdehnung in Proz. 10^{-4} bei den Belastungen in t 5	10	15	20	bleibend
7	0	1	(69)	(156)	(244)	(332)	+2
		2	69	155	243	331	±0
		3	68	156	244	332	+1
		4	68	157	243	332	±0
		5	68	157	244	332	±0
		Mittel	**68,2**	**156,2**	**243,5**	**331,8**	—
	4	1	(70)	(153)	(240)	(324)	+4
		2	68	151	238	321	+1
		3	67	150	237	321	+1
		4	68	151	237	320	±0
		5	68	151	236	320	±0
		Mittel	**67,4**	**150,4**	**237,0**	**320,5**	—
	8	1	68	154	237	324	+1
		2	68	152	236	323	±0
		3	68	152	236	323	±0
		4	67	152	236	322	±0
		5	67	152	236	323	±0
		Mittel	**67,6**	**152,4**	**236,2**	**323,0**	—
	12	1	(70)	(154)	(238)	(325)	+3
		2	68	156	241	328	±0
		3	68	156	240	328	±0
		4	68	156	240	328	±0
		5	68	156	241	328	+1
		Mittel	**68,0**	**156,0**	**240,5**	**328,0**	—

Tabelle 26.

Gleichzeitig beobachtete Dehnungen der Breitenschichten 10 und 19 bei verschiedenen Abständen A des Endes der Meßstrecke von Mitte Nietlochreihe (Querschnitt $a \sim a$ Fig. 7).

Meßlänge l = 100 mm.

Breitenschicht	Abstand A in cm von Mitte Nietloch	Reihe Nr.	Mittlere Gesamtdehnung in Proz. 10^{-4} bei den Belastungen in t: 5	10	15	20	bleibend	Breitenschicht	Abstand A in cm von Mitte Nietloch	Reihe Nr.	Mittlere Gesamtdehnung in Proz. 10^{-4} bei den Belastungen in t: 5	10	15	20	bleibend
10	1	1	(69)	(155)	(240)	(326)	+2	10	4	1	66	148	231	315	+0
		2	69	153	239	324	+0			2	66	148	231	315	+1
		3	69	154	239	324	+0			3	65	148	232	314	+1
		4	69	154	239	324	±0			4	65	147	231	314	+0
		5	69	154	239	324	+0			5	65	147	231	314	+0
		Mittel	**69,0**	**153,8**	**239,0**	**324,0**	—			Mittel	**65,4**	**147,6**	**231,2**	**314,4**	—
19		1	71	159	248	334	+0	19		1	70	155	238	322	+0
		2	72	160	248	334	+0			2	67	153	236	320	+0
		3	71	160	247	334	+0			3	68	153	236	320	+0
		4	71	160	247	334	+0			4	68	153	236	320	±0
		5	71	159	247	333	+0			5	69	153	237	320	±0
		Mittel	**71,2**	**159,6**	**247,4**	**333,8**	—			Mittel	**68,4**	**153,4**	**236,6**	**320,4**	—
10 u. 19		Gesamtmittel	**70,1**	**156,7**	**243,2**	**328,9**	—	10 u. 19		Gesamtmittel	**66,9**	**150,5**	**233,9**	**317,4**	—
10	2	1	66	147	231	315	+0	10	8	1	68	152	236	323	+0
		3	66	148	231	316	+0			2	69	153	236	323	+1
		3	66	148	231	316	+0			3	67	151	235	322	+0
		4	66	148	231	316	+0			4	68	152	235	322	±0
		—	—	—	—	—	—			5	—	—	—	—	—
		Mittel	**66,0**	**147,8**	**231,0**	**315,8**	—			Mittel	**68,0**	**152,0**	**235,5**	**322,5**	—
19		1	66	154	237	322	+0	19		1	69	149	234	320	+1
		1	66	153	237	322	+0			2	(70)	(155)	(239)	(325)	+3
		3	66	152	237	322	−1			3	70	153	238	321	+0
		4	67	153	237	323	+0			4	70	153	238	321	+0
		—	—	—	—	—	—			5	69	153	238	321	+0
		Mittel	**66,2**	**153,0**	**237,0**	**322,2**	—			Mittel	**69,5**	**152,0**	**237,0**	**320,8**	—
10 u. 19		Gesamtmittel	**66,1**	**150,4**	**234,0**	**319,0**	—	10 u. 19		Gesamtmittel	**68,8**	**152,0**	**236,3**	**321,7**	—
10	3	1	69	149	232	316	±0	10	12	1	70	155	241	327	±0
		2	69	149	232	317	+0			2	69	154	240	325	±0
		3	69	149	232	317	±0			3	69	153	239	324	+0
		4	69	149	232	317	+0			4	69	154	239	325	+0
		5	69	149	232	316	±0			5	69	154	240	326	+0
		Mittel	**69,0**	**149,0**	**232,0**	**316,6**	—			Mittel	**69,2**	**154,0**	**239,8**	**325,4**	—
19		1	70	158	243	327	+0	19		1	65	149	231	314	±0
		2	70	158	243	327	+0			2	(64)	(150)	(233)	(314)	+2
		3	70	158	243	327	+1			3	66	147	231	311	+0
		4	69	157	242	326	−1			4	(66)	(146)	(227)	(310)	+2
		—	—	—	—	—	—			5	61	142	226	308	+0
		Mittel	**69,8**	**157,8**	**242,8**	**326,8**	—			Mittel	**64,0**	**146,0**	**229,3**	**311,0**	—
10 u. 19		Gesamtmittel	**69,4**	**153,4**	**237,4**	**321,7**	—	10 u. 19		Gesamtmittel	**66,6**	**150,0**	**234,6**	**318,2**	—

Tabelle 27.

Gleichzeitig beobachtete Dehnungen der Breitenschichten 12 und 17 bei verschiedenen Abständen *A* des Endes der Meßstrecke von Mitte Nietlochreihe (Querschnitt $a \sim a$ Fig. 7).

Meßlänge $l = 100$ mm.

Breitenschicht	Abstand *A* in cm von Mitte Nietloch	Reihe Nr.	Mittlere Gesamtdehnung in Proz. 10^{-4} bei den Belastungen in t				
			5	10	15	20	bleibend
12	6,3	1	67	149	231	313	+1
		2	67	148	232	313	+1
		3	66	147	231	312	+0
		4	66	148	231	312	+1
		Mittel	**66,5**	**148,0**	**231,2**	**312,5**	—
17		1	64	147	228	313	+1
		2	63	147	228	312	±0
		3	63	147	228	312	+1
		4	64	147	227	311	0
		Mittel	**63,5**	**147,0**	**227,8**	**312,0**	—
12 u. 17		Gesamtmittel	**65,0**	**147,5**	**229,5**	**312,2**	—
12	9,3	1	67	152	236	321	−1
		2	68	152	236	321	+0
		3	68	151	235	321	−1
		4	68	153	236	323	0
		Mittel	**67,8**	**152,0**	**235,8**	**321,5**	—
17		1	67	151	236	321	+1
		2	67	152	236	320	+1
		3	66	151	236	319	±0
		4	66	151	236	319	+0
		Mittel	**66,5**	**151,2**	**236,0**	**319,8**	—
12 u. 17		Gesamtmittel	**67,1**	**151,6**	**235,9**	**320,6**	—
12	11,3	1	66	149	231	316	0
		2	66	149	231	317	0
		3	66	149	232	316	−1
		4	67	150	232	317	0
		Mittel	**66,2**	**149,2**	**231,5**	**316,5**	—
17		1	67	151	234	318	+1
		2	66	150	233	318	+0
		3	66	150	233	317	+0
		4	65	150	232	316	+0
		Mittel	**66,0**	**150,2**	**233,0**	**317,2**	—
12 u. 17		Gesamtmittel	**66,1**	**149,7**	**232,2**	**316,8**	—
12	13,3	1	66	150	235	320	+0
		2	65	149	234	318	−1
		3	66	149	235	319	−1
		4	67	150	234	319	0
		Mittel	**66,0**	**149,5**	**234,5**	**319,0**	—
17		1	68	153	236	323	−1
		2	68	153	237	323	±0
		3	68	154	238	325	±0
		4	68	154	238	325	+1
		Mittel	**68,0**	**153,5**	**237,2**	**324,0**	—
12 u. 17		Gesamtmittel	**67,0**	**151,5**	**235,8**	**321,5**	—

Tabelle 28.

Gleichzeitig beobachtete Dehnungen der Breitenschichten 8 und 13 bei verschiedenen Abständen A des Endes der Meßstrecke von Mitte Nietlochreihe (Querschnitt $a \backsim a$ Fig. 7).

Meßlänge $l = 100$ cm.

Breitenschicht	Abstand A in cm von Mitte Nietloch	Reihe Nr.	Mittlere Gesamtdehnung in Proz. 10^{-4} bei den Belastungen in t: 5	10	15	20	bleibend
13	1	1	68	152	238	326	+1
		2	(69)	(153)	(240)	(325)	+2
		3	68	151	238	324	+1
		4	68	151	237	323	+0
		5	68	151	239	324	+1
		Mittel	**68,0**	**151,2**	**238,0**	**324,2**	—
8		1	70	157	242	326	−1
		2	(70)	(169)	(257)	(341)	+15
		3	69	155	242	327	±0
		4	68	153	240	326	−1
		5	69	153	239	326	+0
		Mittel	**69,0**	**154,5**	**240,8**	**326,2**	—
13 u. 8		Gesamtmittel	**68,5**	**152,9**	**239,4**	**325,2**	—
13	2	1	(67)	(148)	(231)	(315)	+2
		2	66	147	229	312	±0
		3	65	148	229	313	±0
		4	66	147	229	313	+0
		5	66	148	229	313	+1
		Mittel	**65,8**	**147,5**	**229,0**	**312,8**	—
8		1	70	156	240	325	+0
		2	69	156	240	325	+1
		3	68	154	239	324	+1
		4	67	154	238	323	−1
		5	(68)	(155)	(239)	(371)	−53
		Mittel	**68,5**	**155,0**	**239,2**	**324,2**	—
13 u. 8		Gesamtmittel	**67,2**	**151,3**	**234,1**	**318,5**	—
13	3	1	66	146	227	311	+0
		2	66	146	228	311	+2
		3	64	145	225	310	±0
		4	64	146	226	309	−1
		5	65	147	226	310	+0
		Mittel	**65,0**	**146,0**	**226,4**	**310,2**	—
8		1	66	151	235	318	+0
		2	(66)	(150)	(233)	(316)	−2
		3	67	150	235	318	−1
		4	67	151	236	318	±0
		5	68	151	236	318	±0
		Mittel	**67,0**	**150,8**	**235,5**	**318,0**	—
13 u. 8		Gesamtmittel	**66,0**	**148,4**	**231,0**	**314,1**	—

Breitenschicht	Abstand A in cm von Mitte Nietloch	Reihe Nr.	Mittlere Gesamtdehnung in Proz. 10^{-4} bei den Belastungen in t: 5	10	15	20	bleibend
13	4	1	65	146	230	313	+2
		2	65	145	228	311	+0
		3	65	146	229	311	±0
		4	65	147	229	313	+1
		5	65	146	229	312	±0
		Mittel	**65,0**	**146,0**	**229,0**	**312,0**	—
8		1	(67)	(153)	(236)	(321)	+2
		2	66	151	235	318	+0
		3	66	151	235	319	−1
		4	66	151	235	320	±0
		5	66	152	235	320	±0
		Mittel	**66,0**	**151,2**	**235,0**	**319,2**	—
13 u. 8		Gesamtmittel	**65,5**	**148,6**	**232,0**	**315,6**	—
13	8	1	68	155	239	(326)	+1
		2	69	152	236	320	±0
		3	68	153	236	321	+0
		4	69	152	236	320	+1
		5	68	151	235	320	+0
		Mittel	**68,4**	**152,6**	**236,4**	**320,2**	—
8		1	70	155	239	325	±0
		2	70	155	239	325	+1
		3	69	154	238	323	−1
		4	69	154	238	324	+0
		—	—	—	—	—	
		Mittel	**69,5**	**154,5**	**238,5**	**324,2**	—
13 u. 8		Gesamtmittel	**69,0**	**153,6**	**237,5**	**322,2**	—
13	12	1	67	150	235	320	±0
		2	67	151	235	321	+0
		3	67	152	235	321	±0
		4	67	152	235	321	+0
		—	—	—	—	—	
		Mittel	**67,0**	**151,2**	**235,0**	**320,8**	—
8		1	66	149	235	319	−1
		2	67	151	237	318	+0
		3	66	150	235	317	−1
		4	66	150	235	318	−1
		—	—	—	—	—	
		Mittel	**66,2**	**150,0**	**235,5**	**318,0**	—
13 u. 8		Gesamtmittel	**66,6**	**150,6**	**235,3**	**319,4**	—

Tabelle 29.

Gleichzeitig beobachtete Dehnungen der Breitenschichten 6 und 14 bei verschiedenen Abständen A des Endes der Meßstrecke von Mitte Nietlochreihe (Querschnitt $a \sim a$ Fig. 7).

Meßlänge $l = 100$ mm.

Breitenschicht	Abstand A in cm von Mitte Nietloch	Reihe Nr.	Mittlere Gesamtdehnung in Proz. 10^{-4} bei den Belastungen in t: 5	10	15	20	bleibend
14	0	1	(70)	(160)	(246)	(337)	+2
		2	71	158	245	336	+1
		3	70	157	244	335	±0
		4	70	157	244	335	±0
		5	70	158	244	335	+1
		Mittel	**70,2**	**157,5**	**244,2**	**335,2**	—
6		1	70	160	251	339	+2
		2	69	159	249	337	−1
		3	70	160	250	338	±0
		4	70	160	251	338	±0
		5	70	160	250	338	±0
		Mittel	**69,8**	**159,8**	**250,2**	**338,0**	—
14 u. 6		Gesamtmittel	**70,0**	**158,7**	**247,2**	**336,6**	—
14	3	1	68	154	241	327	±0
		2	68	154	240	327	−1
		3	68	153	238	325	±0
		4	68	153	238	325	±0
		—	—	—	—	—	—
		—	—	—	—	—	—
		Mittel	**68,0**	**153,5**	**239,2**	**326,0**	—
6		1	(70)	(156)	(243)	(333)	+3
		2	70	157	243	331	±0
		3	70	156	242	331	±0
		4	70	157	242	331	±0
		5	70	156	242	331	+1
		—	—	—	—	—	—
		Mittel	**70,0**	**156,5**	**242,2**	**331,0**	—
14 u. 6		Gesamtmittel	**69,0**	**155,0**	**240,7**	**328,5**	—
14	5	1	67	153	238	322	+1
		2	67	152	237	323	±0
		3	68	152	238	323	±0
		4	67	152	238	322	±0
		—	—	—	—	—	—
		Mittel	**67,2**	**152,2**	**237,8**	**322,5**	—
6		1	70	154	241	327	+1
		2	70	153	241	325	−1
		3	69	154	240	326	+1
		4	68	153	238	326	±0
		5	68	154	240	326	±0
		Mittel	**69,0**	**153,6**	**240,0**	**326,0**	—
14 u. 6		Gesamtmittel	**68,1**	**152,9**	**238,9**	**324,3**	—
14	9	1	67	152	235	320	+1
		2	66	151	235	319	±0
		3	67	152	235	320	+1
		4	67	151	234	319	±0
		—	—	—	—	—	—
		Mittel	**66,8**	**151,5**	**234,8**	**319,5**	—
6		1	67	152	238	323	+2
		2	68	152	237	321	−1
		3	68	153	238	322	−1
		4	70	153	237	321	−1
		5	69	152	237	322	−1
		Mittel	**68,4**	**152,4**	**237,4**	**321,9**	—
14 u. 6		Gesamtmittel	**67,6**	**152,0**	**236,1**	**320,7**	—
14	12	1	66	150	235	318	±0
		2	(66)	(149)	(234)	(318)	−2
		3	68	149	236	319	−1
		4	68	150	237	319	±0
		5	66	149	234	317	−1
		6	(64)	(148)	(234)	(317)	−2
		Mittel	**67,0**	**149,5**	**235,5**	**318,2**	—
6		1	70	153	237	323	+2
		2	69	152	236	322	−1
		3	68	152	235	320	−1
		4	(68)	(152)	(236)	(316)	−5
		5	68	153	235	320	−1
		6	68	152	236	321	±0
		Mittel	**68,6**	**152,4**	**235,8**	**321,2**	—
14 u. 6		Gesamtmittel	**67,8**	**150,9**	**235,7**	**319,7**	—

Tabelle 30.

Gleichzeitig beobachtete Dehnungen der Breitenschichten 9 und 15 bei verschiedenen Abständen A des Endes der Meßstrecke von Mitte Nietlochreihe (Querschnitt $a \sim a$ Fig. 7).

Meßlänge $l = 100$ cm.

Breitenschicht	Abstand A in cm von Mitte Nietloch	Reihe Nr.	Mittlere Gesamtdehnung in Proz. 10^{-4} bei den Belastungen in t: 5	10	15	20	bleibend
15	1	1	70	158	247	338	+1
		2	(72)	(159)	(248)	(338)	+3
		3	71	158	246	337	+1
		4	(71)	(158)	(246)	(337)	+2
		5	69	157	247	334	±0
		6	70	158	247	335	+0
		Mittel	**70,0**	**157,8**	**246,8**	**336,0**	—
9		1	72	160	248	337	−1
		2	70	160	249	338	+0
		3	71	159	248	337	±0
		4	71	158	248	337	+0
		—	—	—	—	—	—
		Mittel	**71,0**	**159,2**	**248,2**	**337,2**	—
15 u. 9		Gesamtmittel	**70,5**	**158,5**	**247,5**	**336,6**	—
15	4	1	72	155	244	330	±0
		2	72	155	244	330	+1
		3	68	154	243	331	−1
		4	69	155	244	330	+1
		5	—	—	—	—	—
		Mittel	**70,2**	**154,8**	**243,8**	**330,2**	—
9		1	70	156	245	331	±0
		2	70	157	245	331	+1
		3	71	157	244	330	±0
		4	71	158	245	331	+0
		5	—	—	—	—	—
		Mittel	**70,5**	**157,0**	**244,8**	**330,8**	—
15 u. 9		Gesamtmittel	**70,3**	**155,9**	**244,3**	**330,5**	—
15	6	1	71	156	243	331	+1
		2	(71)	(161)	(251)	(337)	+7
		3	69	157	242	330	+1
		4	69	157	242	329	+0
		5	69	157	242	330	±0
		Mittel	**69,5**	**156,8**	**242,2**	**330,0**	—
9		1	70	156	243	330	+0
		2	71	156	243	329	±0
		3	70	156	242	329	+0
		4	71	156	243	329	+0
		5	—	—	—	—	—
		Mittel	**70,5**	**156,0**	**242,8**	**329,2**	—
15 u. 9		Gesamtmittel	**70,0**	**156,4**	**242,5**	**329,6**	—
15	10	1	69	156	240	327	+1
		2	(70)	(155)	(241)	(327)	+2
		3	69	153	239	325	+1
		4	68	153	238	325	±0
		5	68	152	238	324	+0
		—	—	—	—	—	
		Mittel	**68,5**	**153,5**	**238,8**	**325,3**	—
9		1	67	152	237	322	+0
		2	67	153	237	323	±0
		3	(68)	(153)	(237)	(345)	+21
		4	69	154	238	324	±0
		5	69	153	238	324	±0
		Mittel	**68,0**	**153,0**	**237,5**	**323,2**	—
15 u. 9		Gesamtmittel	**68,3**	**153,3**	**238,2**	**324,3**	—
15	12	1	68	151	236	321	+1
		2	68	150	235	320	−1
		3	69	151	236	321	+0
		4	69	150	235	320	−1
		5	68	151	236	320	−1
		Mittel	**68,4**	**150,6**	**235,6**	**320,4**	—
9		1	(67)	(144)	(239)	(324)	+2
		2	67	153	237	322	−1
		3	69	153	238	322	±0
		4	68	154	237	322	+0
		5	69	154	238	322	+0
		Mittel	**68,2**	**153,5**	**237,5**	**322,0**	—
15 u. 9		Gesamtmittel	**68,3**	**152,1**	**236,6**	**321,2**	—

Tabelle 31.

Ermittelung der Zugspannungen σ in kg/qcm in den verschiedenen Breitenschichten des Stabes.

λ_A = beobachtete Dehnung in cm 10^{-5} für $l = 10$ cm; A = Abstand in cm des einen Endes von l vom Querschnitt $a \backsim a$ Fig. 7; ε = Dehnung in cm 10^{-5} des durch den Index $A + 10$ und A gekennzeichneten Zentimeters; σ = Zugspannung.

Breitenschicht (s. Fig. 7)	Bedeutung der Werte	Größe der Werte nach den Ausgleichlinien Fig. 15 bis 17 beim Abstande A in cm des Endes der Meßlänge von Mitte Nietlochreihe															
		$A=15$	14	13	12	11	10	9	8	7	6	5	4	3	2	1	0
1 und 4 (Fig. 15)	λ_A	—	—	—	320,0	320,0	320,0	320,3	321,2	323,0	325,6	328,9	332,8	337,0	340,8	342,8	337,2
	$\lambda_A - \lambda_{A+1}$	—	—	—	0,0	0,0	0,0	0,3	0,9	1,8	2,6	3,3	3,9	4,2	3,8	2,0	−5,6
	ε_{A+10}	—	—	—	32,0	32,0	32,0	32,0	32,0	32,0	32,0	32,0	32,0	32,0	32,0	32,0	32,0
	ε_A	—	—	—	32,0	32,0	32,0	32,3	32,9	33,8	34,6	35,3	35,9	36,2	35,8	34,0	26,4
	σ_A in kg/qcm	—	—	—	**676**	**676**	**676**	**682**	**694**	**714**	**730**	**745**	**758**	**765**	**756**	**718**	**557**
11 und 21 (Fig. 15)	λ_A	—	—	—	320,0	320,1	320,6	321,2	321,9	322,9	324,2	325,7	327,7	330,3	333,9	338,0	335,5
	$\lambda_A - \lambda_{A+1}$	—	—	—	0,0	0,1	0,5	0,6	0,7	1,0	1,3	1,5	2,0	2,6	3,6	4,1	−2,5
	ε_{A+10}	—	—	—	32,0	32,0	32,0	32,0	32,0	32,0	32,0	32,0	32,0	32,0	32,0	32,1	32,5
	ε_A	—	—	—	32,0	32,1	32,5	32,6	32,7	33,0	33,3	33,5	34,0	34,6	35,6	36,2	30,0
	σ_A in kg/qcm	—	—	—	**676**	**677**	**686**	**688**	**690**	**696**	**702**	**707**	**717**	**731**	**752**	**764**	**636**
7 und 20 (Fig. 15)	λ_A	—	—	—	320,0	320,0	320,3	320,5	320,9	321,5	322,2	323,1	324,2	326,0	328,0	330,7	334,0
	$\lambda_A - \lambda_{A+1}$	—	—	—	0,0	0,0	0,3	0,2	0,4	0,6	0,7	0,9	1,1	1,8	2,0	2,7	3,3
	ε_{A+10}	—	—	—	32,0	32,0	32,0	32,0	32,0	32,0	32,0	32,0	32,0	32,0	32,0	32,0	32,3
	ε_A	—	—	—	32,0	32,0	32,3	32,2	32,4	32,6	32,7	32,9	33,1	33,8	34,0	34,7	35,6
	σ_A in kg qcm	—	—	—	**676**	**676**	**682**	**680**	**684**	**688**	**690**	**694**	**699**	**714**	**718**	**733**	**751**
10 und 19 (Fig. 15)	λ_A	—	—	—	320,0	320,0	320,0	320,0	320,0	320,0	320,0	320,0	320,0	320,0	321,5	327,0	334,5
	$\lambda_A - \lambda_{A+1}$	—	—	—	0,0	0,0	0,0	0,0	0,0	0,0	0,0	0,0	0,0	0,0	1,5	5,5	7,5
	ε_{A+10}	—	—	—	32,0	32,0	32,0	32,0	32,0	32,0	32,0	32,0	32,0	32,0	32,0	32,0	32,0
	ε_A	—	—	—	32,0	32,0	32,0	32,0	32,0	32,0	32,0	32,0	32,0	32,0	33,5	37,5	39,5
	σ_A in kg/qcm	—	—	—	**676**	**676**	**676**	**676**	**676**	**676**	**676**	**676**	**676**	**676**	**708**	**792**	**835**
5 und 16 sowie 2 und 18 (Fig. 17)	λ_A	—	—	—	—	—	320,0	320,0	319,8	319,0	317,5	314,5	309,0	305,5	310,3	322,8	337,5
	$\lambda_A - \lambda_{A+1}$	—	—	—	—	—	0,0	0,0	−0,2	−0,8	−1,5	−3,0	−5,5	−3,5	+4,8	+12,5	+14,7
	ε_{A+10}	—	—	—	—	—	32,0	32,0	32,0	32,0	32,0	32,0	32,0	32,0	32,0	32,0	32,0
	ε_A	—	—	—	—	—	32,0	32,0	31,8	31,2	30,5	29,0	26,5	28,5	36,8	44,5	46,7
	σ_A in kg/qcm	—	—	—	—	—	**676**	**676**	**672**	**658**	**644**	**612**	**560**	**602**	**727**	**940**	**986**
12 und 17 (Fig. 16)	λ_A	Messung hinter den Nietlöchern (s. Fig. 7). Bei $A = 0$ lag die Endmarke der Meßlänge 1,3 cm von Mitte Nietloch entfernt.				320,0	320,0	319,8	319,1	317,8	315,7	312,3	306,2	297,7	287,0	274,6	261,0
	$\lambda_A - \lambda_{A+1}$					0,0	0,0	−0,2	−0,7	−1,3	−2,1	−3,4	−6,1	−8,5	−10,7	−12,4	−13,6
	ε_{A+10}					32,0	32,0	32,0	32,0	32,0	32,0	32,0	32,0	32,0	32,0	32,0	32,0
	ε_A					32,0	32,0	31,8	31,3	30,7	29,9	28,6	25,9	23,5	21,3	19,6	18,4
	σ_A in kg/qcm					**676**	**676**	**672**	**661**	**648**	**632**	**604**	**546**	**496**	**450**	**418**	**388**
13 und 18 (Fig. 17)	λ_A	—	—	—	—	—	—	320,0	320,0	320,0	319,8	318,3	315,5	314,5	318,5	325,3	334,5
	$\lambda_A - \lambda_{A+1}$	—	—	—	—	—	—	0,0	0,0	0,0	−0,2	−1,5	−2,8	−1,0	+4,0	+6,8	+9,2
	ε_{A+10}	—	—	—	—	—	—	32,0	32,0	32,0	32,0	32,0	32,0	32,0	32,0	32,0	32,0
	ε_A	—	—	—	—	—	—	32,0	32,0	32,0	31,8	30,5	29,2	31,0	36,0	38,8	41,2
	σ_A in kg/qcm	—	—	—	—	—	—	**676**	**676**	**676**	**672**	**644**	**617**	**655**	**760**	**820**	**871**
14 und 6, 15 und 9 sowie 3 (Fig. 17)	λ_A	320,0	320,0	320,2	320,5	321,0	321,7	322,6	323,6	324,8	326,2	327,9	329,8	331,9	334,3	337,0	340,0
	$\lambda_A - \lambda_{A+1}$	0,0	0,0	0,2	0,3	0,5	0,7	0,9	1,0	1,2	1,4	1,7	1,9	2,1	2,4	2,7	3,0
	ε_{A+10}	32,0	32,0	32,0	32,0	32,0	32,0	32,0	32,0	32,0	32,0	32,0	32,0	32,2	32,3	32,5	32,7
	ε_A	32,0	32,0	32,2	32,3	32,5	32,7	32,9	33,0	33,2	33,4	33,7	33,9	34,3	34,7	35,2	35,7
	σ_A in kg/qcm	**676**	**676**	**680**	**682**	**686**	**690**	**694**	**696**	**700**	**704**	**712**	**716**	**723**	**732**	**743**	**754**

Tabelle 32.

Gesamtlängenänderungen quer zur Zugrichtung.

Reihe Nr.	Meßlänge l (gerechnet von Mitte Stab) mm	Querzusammenziehung (Breitenabnahme) bei 20 t Belastung in mm 10^{-4} bei den folgenden Abständen A in mm								
		0	5	10	15	20	40	70	100	140
1	15	9,5	10,5	10,5	11,0	12,5	15,5	14,0	14,0	13,5
2		10,0	10,5	10,5	11,0	12,5	15,5	14,0	14,0	13,5
3		9,5	10,5	10,5	11,0	12,5	15,0	14,0	13,5	13,5
Mittel		**9,7**	**10,5**	**10,5**	**11,0**	**12,5**	**15,3**	**14,0**	**13,8**	**13,5**
1	30	20,0	21,0	21,0	25,0	28,0	33,0	30,0	27,0	28,0
2		20,0	21,0	21,0	25,0	28,0	33,0	29,0	28,0	28,0
3		20,0	21,0	21,0	25,0	28,0	33,0	29,0	28,0	28,0
Mittel		**20,0**	**21,0**	**21,0**	**25,0**	**28,0**	**33,0**	**29,3**	**27,7**	**28,0**
1	40	22,0	24,0	29,0	34,0	38,0	40,0	38,0	—	—
2		22,0	25,0	29,0	33,0	37,0	39,0	38,0	—	—
3		22,0	26,0	29,0	34,0	37,0	40,0	39,0	—	—
Mittel		**22,0**	**25,0**	**29,0**	**33,7**	**37,3**	**39,7**	**38,3**	—	—
1	50	25,0	28,0	38,0	50,0	54,0	55,0	47,0	47,0	45,0
2		24,0	29,0	38,0	48,0	54,0	55,0	48,0	47,0	45,0
3		25,0	29,0	38,0	49,0	54,0	55,0	48,0	47,0	44,0
Mittel		**24,7**	**28,7**	**38,0**	**49,0**	**54,0**	**55,0**	**47,7**	**47,0**	**44,7**
1	60	—	—	—	64,0	68,0	61,0	57,0	53,0	53,0
2		—	—	—	63,0	68,0	60,0	56,0	53,0	52,0
3		—	—	—	63,0	67,0	60,0	57,0	53,0	52,0
Mittel		—	—	—	**63,3**	**67,7**	**60,3**	**56,7**	**53,0**	**52,3**
1	70	—	—	89,0 [1]	75,0	72,0	66,0	65,0	64,0	61,0
2		—	—	89,0 [1]	75,0	71,0	67,0	63,0	64,0	61,0
3		—	—	89,0 [1]	74,0	71,0	67,0	64,0	64,0	62,0
Mittel		—	—	**89,0** [1]	**74,7**	**71,3**	**66,7**	**64,0**	**64,0**	**61,3**
1	80	113,0	110,0	96,0	85,0	81,0	77,0	72,0	72,0	—
2		114,0	110,0	96,0	85,0	80,0	77,0	73,0	72,0	—
3		113,0	110,0	96,0	85,0	80,0	77,0	73,0	73,0	—
Mittel		**113,3**	**110,0**	**96,0**	**85,0**	**80,3**	**77,0**	**72,7**	**72,3**	—
1	90	114,0	113,0	108,0	101,0	97,0	86,0	80,0	83,0	80,0
2		114,0	113,0	108,0	100,0	97,0	86,0	79,0	82,0	81,0
3		114,0	113,0	107,0	101,0	97,0	86,0	80,0	82,0	80,0
Mittel		**114,0**	**113,0**	**107,7**	**100,7**	**97,0**	**86,0**	**79,7**	**82,3**	**80,3**
1	100	121,0	121,0	116,0	114,0	109,0	95,0	90,0	92,0	—
2		121,0	120,0	117,0	112,0	109,0	95,0	89,0	91,0	—
3		121,0	121,0	117,0	114,0	109,0	95,0	89,0	91,0	—
Mittel		**121,0**	**120,7**	**116,7**	**113,3**	**109,0**	**95,0**	**89,3**	**91,3**	—
1	110	129,0	129,0	126,0	123,0	119,0	105,0	101,0	100,0	101,0
2		129,0	128,0	126,0	122,0	119,0	105,0	100,0	100,0	101,0
3		129,0	128,0	126,0	122,0	119,0	105,0	100,0	100,0	101,0
Mittel		**129,0**	**128,3**	**126,0**	**122,3**	**119,0**	**105,0**	**100,3**	**100,0**	**101,0**

[1]) Für $l = 75$ mm.

Tabelle 33.

Ermittelung der Querdehnung ε_2 der Längeneinheit aus den Dehnungen für verschiedene Meßlängen.

Abstand Δ vom Lochquerschnitt mm	Bedeutung der Werte	Beobachtungen, entnommen den Schaulinien Fig. 19, für die Meßlänge l_q, gerechnet von Mitte Stab, in mm										
		10	20	30	40	50	60	70	80	90	100	110
							$l_q = 53,5$	$l_q = 76,5$				
0	Dehnung λ_q in mm 10^{-4}	6,5	13,0	19,8	22.5	24,7	[25,1]	[113,3]	113,3	114,0	121,0	129,0
	$\Delta\lambda_q$ für Δl_q	6,5	6,5	6,8	2,7	2,2	0,4	—	0,0	0,7	7,0	8,0
	ε_2 für Δl_q in mm 10^{-6}	65	65	68	27	22	0,1	—	0,0	7	70	80
							$l_q = 54,5$	$l_q = 75,5$				
5	λ_q	7,0	14,0	21,0	25,0	28,7	[30,2]	109,8	110,0	113,0	120,7	128,3
	$\Delta\lambda_q$	7,0	7,0	7,0	4,0	3,7	1,5	—	0,2	3,0	7,7	7,6
	ε_2	70	70	70	40	37	33	—	4,4	30	77	76
							$l_q = 59,0$ 71,0	$l_q = 75$				
10	λ_q	7,0	14,0	21,0	29,0	38,0	47,0 82,0	89,0	96,0	107,7	116,9	126,0
	$\Delta\lambda_q$	7,0	7,0	7,0	8,0	9,0	9,0 —	7,0	7,0	11,7	9,2	9,1
	ε_2	70	70	70	80	90	100 —	175	140	117	92	91
15	λ_q	7,2	15,2	24,3	34,7	48,0	63,3	74,7	85,0	100,7	113,3	122,3
	$\Delta\lambda_q$	7,2	8,0	9,1	10,4	13,3	15,3	11,4	10,3	15,7	12,6	9,0
	ε_2	72	80	91	104	133	153	114	103	157	126	90
20	λ_q	8,0	16,7	26,8	39,0	54,0	67,7	71,3	80,3	97,0	109,0	119,0
	$\Delta\lambda_q$	8,0	8,7	10,1	12,2	15,0	13,7	3,6	9,0	16,7	12,0	10,0
	ε_2	80	87	101	122	150	137	36	90	167	120	100
40	λ_q	9,7	20,0	31,0	42,8	54,5	60,3	66,7	76,3	85,9	95,5	105,1
	$\Delta\lambda_q$	9,7	10,3	11,0	11,8	11,7	5,8	6 4	9,6	9,6	9,6	9,6
	ε_2	97	103	110	118	117	58	64	96	96	96	96
70	λ_q	9,5	19,1	28,6	38,2	47,7	56,7	64,4	72,0	79,7	89,3	100,3
	$\Delta\lambda_q$	9,5	9,6	9,5	9,6	9,5	9,0	7,7	7,6	7,7	9,6	11,0
	ε_2	95	96	95	96	95	90	77	76	77	96	110
100	λ_q	9,3	18,5	27,7	37,0	46,0	55,0	64,0	73,0	82,0	91,0	100,0
	$\Delta\lambda_q$	9,3	9,2	9,2	9,3	9,0	9,5	9,0	9,0	9,0	9,0	9,0
	ε_2	93	92	92	93	90	90	90	90	90	90	90
140	λ_q	9,0	18,0	27,0	36,0	45,0	54,0	63,0	72,0	81,0	90,0	99.0
	$\Delta\lambda_q$	9,0	9,0	9,0	9,0	9,0	9,0	9,0	9,0	9,0	9,0	9,0
	ε_2	90	90	90	90	90	90	90	90	90	90	90

Tabelle 34.

Zugspannungen in den einzelnen Breitenschichten an den Punkten mit gleichem Abstande A von dem Querschnitt $a \backsim a$ Fig. 7.

Die Werte sind aus den Schaulinien Fig. 19 und 20 entnommen.

I. Zugspannungen, berechnet aus den Längsdehnungen ε_1.

Abstand A	Zugspannungen in kg/qcm in den folgenden Breitenschichten, siehe Fig. 7.								
mm	1 u. 4	11 u. 21	7 u. 20	10 u. 19	2 u. 18	12 u. 17	5 u. 16	13 u. 8	14 bis 6
0	465	485	752	851	1005	—	1005	892	760
10	650	740	739	815	966	—	966	847	750
15	718	763	733	792	940	375	940	820	745
20	742	763	726	755	888	392	888	791	739
25	756	752	719	708	727	408	727	760	735
30	763	741	714	681	647	425	647	705	729
40	763	724	705	676	570	459	570	631	719
50	752	713	697	676	590	505	590	635	711
60	737	705	692	676	629	557	629	663	705
70	722	698	688	676	652	609	652	674	701
80	703	693	685	676	667	635	667	676	698
90	687	689	682	676	675	651	675	676	695
100	678	685	676	676	676	664	676	676	692
110	676	681	677	676	676	673	676	676	688
120	676	677	676	676	676	676	676	676	685
130	676	676	676	676	676	676	676	676	681
140	676	676	676	676	676	676	676	676	678
150	676	676	676	676	676	676	676	676	676
160	676	676	676	676	676	676	676	676	676

Tabelle 36.

Zugspannungen in den einzelnen Breitenschichten an den Punkten mit gleichem Abstande A von dem Querschnitt $a \backsim a$, Fig. 7.

II. Zugspannungen, berechnet aus den Längsdehnungen ε_1 und Querzusammenziehungen ε_2.

Abstand A	Zugspannungen in kg/qcm in den folgenden Breitenschichten, siehe Fig. 7.										
mm	1 u. 4	11 u. 21	7 u. 20	10 u. 19	2 u. 18	12 u. 17	5 u. 16	13 u. 8	14 u. 6	15 u. 9	3
	Längsspannungen										
0	455	478	784	925	1080	—	1069	961	805	784	775
5	557	640	766	886	1069	—	1050	925	790	774	767
10	651	746	754	815	952	—	985	858	768	770	757
15	746	773	716	757	943	336	920	797	749	760	755
20	749	766	715	706	906	348	875	758	726	744	745
40	770	720	702	675	558	484	570	615	707	714	732
70	705	686	685	686	663	615	652	675	700	700	714
100	690	687	680	676	676	664	676	676	689	686	686
140	676	676	676	676	676	676	676	676	676	676	676
	Querspannungen										
0	− 41	− 35	+ 62	+ 230	+ 301	—	+ 301	+ 232	+ 159	+ 83	+ 81
5	− 5	+ 19	+ 52	+ 179	+ 295	—	+ 225	+ 188	+ 137	+ 69	+ 69
10	− 8	+ 18	+ 14	− 15	− 33	—	+ 72	+ 45	+ 55	+ 68	+ 66
15	+ 100	+ 29	− 63	− 88	+ 11	− 150	− 71	− 80	0	+ 47	+ 70
20	− 3	+ 4	− 45	− 156	+ 53	− 109	− 58	− 113	− 32	+ 26	+ 46
40	+ 13	0	− 6	− 14	− 47	− 214	0	− 65	− 43	− 20	+ 11
70	− 47	− 42	− 12	+ 29	+ 25	+ 8	− 14	− 10	− 3	− 3	+ 3
100	0	+ 3	0	0	0	− 4	0	0	0	− 2	0
140	0	0	0	0	0	0	0	0	0	0	0

Tabelle 35.

Dehnungen für die Längeneinheit ε_1 (längs), ε_2 (quer) und deren Verhältnis an verschiedenen Stellen des Stabes für 19000 kg Belastung.

Breitenschicht s. Fig. 7	Meßrichtung ε_1 = längs ε_2 = quer	Dehnungen ε_1 und ε_2 der Längeneinheit in cm 10^{-6} bei den Abständen A in mm von dem Lochquerschnitt $a \sim a$ Fig. 7								
		$A = 0$	5	10	15	20	40	70	100	140
1 u. 4	ε_1	220	264	308	340	352	362	342	321	320
	ε_2	80	76	90	52	100	96	117	90	90
11 u. 21	ε_1	230	300	351	362	362	342	330	325	320
	ε_2	80	76	91	89	100	96	311	90	90
7 u. 20	ε_1	356	356	350	347	344	333	326	321	320
	ε_2	73	77	92	125	116	96	97	90	90
10 u. 19	ε_1	403	395	386	375	358	320	320	320	320
	ε_2	8	33	115	157	168	96	77	90	90
2 u. 18	ε_1	467	467	456	445	421	270	310	320	320
	ε_2	0	3	142	120	95	96	76	90	90
12 u. 17	ε_1	181	184	187	178	186	257	288	314	320
	ε_2	—	—	—	115	124	165	77	90	90
5 u. 16	ε_1	467	467	455	445	421	270	310	320	320
	ε_2	3	33	98	154	143	75	93	90	90
13 u. 8	ε_1	424	412	400	388	375	299	319	320	320
	ε_2	18	34	93	144	154	112	94	90	90
14 u. 6	ε_1	360	357	355	353	350	340	332	328	320
	ε_2	32	45	76	99	113	115	95	92	90
15 u. 9	ε_1	360	357	355	353	350	340	332	328	320
	ε_2	65	70	70	81	87	104	95	93	90
3	ε_1	356	354	350	348	347	345	338	325	320
	ε_2	65	70	70	68	78	93	95	92	90
1 u. 4	Verhältnis $\frac{\varepsilon_1}{\varepsilon_2} = m$	2,75	3,46	3,42	6,53	3,52	3,77	2,92	3,57	3,56
11 „ 21		2,88	3,94	3,86	4,07	3,62	3,55	2,98	3,61	3,56
7 „ 20		4,88	4,63	3,80	2,78	2,96	3,47	3,36	3,57	3,56
10 „ 19		50,5	11,95	3,36	2,39	2,13	3,33	4,15	3,56	3,56
2 „ 18		∞	155,7	3,21	3,70	4,44	2,81	4,08	3,56	3,56
12 „ 17		—	—	—	1,55	1,50	1,56	3,74	3,50	3,56
5 „ 16		155,7	14,15	4,65	2,89	2,94	3,60	3,33	3,56	3,56
13 „ 8		23,5	12,10	4,30	2,69	2,43	2,67	3,40	3,56	3,56
14 „ 6		11,25	7,55	4,56	3,56	3,09	2,96	3,49	3,56	3,56
3		5,48	5,05	5,00	5,11	4,45	4,79	3,56	3,54	3,56